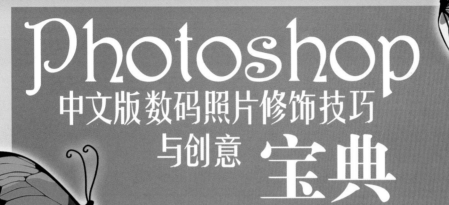

Photoshop
中文版数码照片修饰技巧
与创意 宝典

王永辉　秦怡　赵炎　编著

U0132268

电子工业出版社

PUBLISHING HOUSE OF ELECTRONICS INDUSTRY

北京·BEIJING

内 容 简 介

本书综合当今数码照片修饰与合成的流行技术，系统地介绍了使用Photoshop CS2软件对数码照片进行调整、校正和创意合成的技巧。

全书共分为10章。前4章主要介绍了照片的调整与修饰技巧，数码照片的常见抠图技巧，图像的合成技巧，文字编辑与艺术字的处理等内容。第5~9章分别以青春无限、儿童照片处理、爱情与婚纱、宠物小精灵、旅行与节日为主题，分别介绍了25个主题模板的创意思路和制作过程，使读者通过学习掌握数码照片模板制作的方法和技巧。第10章则根据用户的不同需要，介绍了各类主流电子相册的制作方法和技巧。

书中所介绍的内容，不仅能帮助读者修饰照片在拍摄中的不足、进行各种效果的合成，而且还为读者介绍了很多行业内的专业高级技法和笔者的独家秘技。此外，本书随书赠送大量超值素材和设计模板，能够极大地提高读者的学习和工作效率。

本书是一本专门为摄影工作室的美工人员、数码影像经营者，以及希望在短时间内学习照片美化和处理技术的读者量身定做的数码照片创意设计手册，特别是书中所安排的各种实用范例和模板，非常适合业内人士的需要。

图书在版编目（ＣＩＰ）数据

Photoshop中文版数码照片修饰技巧与创意宝典／王永辉，秦怡，赵炎编著. —北京：电子工业出版社，2008.6
ISBN 978-7-121-06297-1

I. P… Ⅱ.①王…②秦…③赵… Ⅲ.图形软件，Photoshop CS2 Ⅳ.TP391.41

中国版本图书馆CIP数据核字（2008）第041915号

责任编辑：周 筠　彭慧敏
印　　刷：北京画中画印刷有限公司印刷
装　　订：
出版发行：电子工业出版社
　　　　　北京市海淀区万寿路173信箱　　邮编　100036
开　　本：787×1092　1/16　　　　印张：26.75　　　字数：776千字　　　彩插：6
印　　次：2008年6月第1次印刷
印　　数：1～5000册　　定价：88.00元（含2DVD）

前　言

用Photoshop生活

缺少了Photoshop日子该怎么过呢？与大多数的设计从业人员一样，我们平均每天8~10小时与Photoshop形影不离地相处，早已经与Photoshop分不开了！应该说我们都是在用Photoshop过生活，用Photoshop工作赚钱、用Photoshop休闲娱乐、用Photoshop沟通交友。对一些人来说，Photoshop就像是一起长大的朋友或兄弟一样，彼此提携、共同成长。

为什么选择Photoshop CS2

目前，Photoshop的最新版本已经是CS3版本，本书为什么选择CS2呢？

Photoshop CS3的最低系统需求为Intel® Pentium 4、Intel Centrino®、Intel Xeon® 或 Intel Core™ Duo处理器，1G内存。流畅运行Photoshop CS3需要2G甚至4G以上内存。对于数码照片处理与模板制作而言，Photoshop CS2几乎已经能够满足用户的所有需求。考虑到大多数用户的计算机配置、软件的普及程度以及对于软件的熟练掌握程度，本书选择了CS2为本书的介绍对象。

为什么要写这本书

照片总是能够定格激动人心的时刻，留给人们最美好的回忆。照片的数码化赋予了用户更丰富自由的创意空间，每个人都可以任意选择适合自己的形式来展示自己，美化自己的生活。

随着数码相机在家庭中的迅速普及，越来越多的人开始关注数码照片的处理及各种主题照片的合成问题，而他们对Photoshop的掌握程度却参差不齐。

很多人已经掌握了大部分的Photoshop命令和操作，却无法随心所欲地完成自己的创意和作品。事实上，命令根本不重要，重要的是了解并熟悉Photoshop的三大重要元素——选区、图层、通道与蒙版的配合运用。即使您已经非常熟悉各种命令，如果不了解这些重要元素的配合运用，就无法完全掌握Photoshop。

在开始规划本书的时候，就想带给读者一本真正能够体验并快速学会Photoshop照片调整与创意合成技巧的学习书籍。编写本书的目的不是要您了解太多的命令，只要熟悉并深入运用Photoshop的基本功能，就能够制作出令人惊艳的图像。因此，本书以简单却具有深度的范例供读者练习，使读者完全熟悉选区、图层、通道与蒙版的相互运用，更加注重创作观念的提升，让每位读者都能够随心所欲地表现自己天马行空的创意。

如何使用本书

本书的范例以掌握数码照片的修饰、合成技巧为目的，主要针对图层、蒙版、选区以及图层混合模式深入剖析，适合任何程度的Photoshop用户阅读。本书的目的是为用户提供正确的Photoshop观念，让您在最短的时间内正确认识和掌握Photoshop数码照片修饰与合成的技巧。

如果您从来没有使用过Photoshop…

如果您刚刚开始接触Photoshop，本书可以让您正确了解Photoshop，只要勤加练习，就可以用最短的时间具备数码照片处理与合成的能力。简单地使用附书光盘中所提供的99个分层模板，也可以快速制作出赏心悦目的照片合成作品。不过建议在使用本书的同时，您还需要另外一本入门书来帮助您了解Photoshop的全部操作命令。

如果您已经了解Photoshop的基本操作…

如果您已经对Photoshop有了基本认识，本书可以帮助您纠正一些错误的观念，并让您迅速提高应用Photoshop的能力，可以通过简单的方式做出以前无法完成的作品，并可以通过各种功能的整合，让您的设计能力有大幅度提升。

如果您非常熟悉Photoshop…

如果您已经能够自如地运用Photoshop，本书可以让您深入理解Photoshop的内涵，帮助您尽早突破创作瓶颈。通过本书的范例，您可以了解自身的不足之处，不用背一堆命令来取得许多创作效果。您可以全盘了解Photoshop的游戏规则，自由结合Photoshop的各种功能，达到举一反三的学习效果，成为Photoshop创意设计的佼佼者。

如果您已经是设计师…

如果您已经是一位设计师，本书可以帮助您在最短时间内提升自己的图像合成能力，使您在应对客户对数码照片修饰与合成的各种要求时得心应手。在创意与设计理念方面，也可以通过本书得到较大幅度的提升。

王永辉

2008年6月

著作权声明

　　本书光盘中提供的素材、人物相片、模板，其著作权均属于原作者所有，其用途严格限制于购买本书的读者练习使用，禁止任何可能对图片著作权、人物肖像权造成侵害的行为。

　　无论是营利还是非营利目的，不得将图像的局部或全部以直接、变形或修饰方式重制或复制，不得进行销售、租借、赠与、借予等行为，并不得通过任何网络方式向大众传播。

本书所附光盘内容

　　A. Chap01 ~ Chap09文件夹：本书相应各章使用的原始素材以及最终完成的PSD文件。

　　B. PSD文件夹：本书制作完成的模板以及附赠的供读者自行套用的PSD格式分层模板共99个。读者可以直接将自己的照片套用在这些模板中使用，或者在模板的基础上稍加修饰，使其更符合自己的风格。各模板的效果图详见本书的"精美艺术写真模板"。

　　C. JPG文件夹：全部模板的JPG格式索引图，便于读者快速查找所需要的模板。

Disk

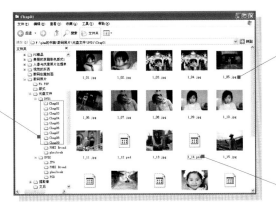

对应书中各个章节

本章素材，名称与正文相对应

案例制作的PSD效果图，名称与正文相对应

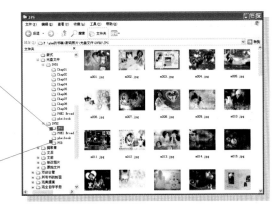

模板的JPG格式索引图

PSD格式分层模板

　　本书配套光盘中提供的模板内容涵盖爱情与婚纱、时尚写真、欢乐童年、宠物乐园、节庆祝福、旅游留念等多个主题，以高精度分层图PSD格式存储。其中的26个模板，在本书正文部分详细介绍了制作步骤，读者可根据书中步骤亲自逐步制作。另外70多个系随书附赠给读者的超值模板，读者可直接将自己的照片套用在这些模板中使用，或者在模板的基础上稍加修饰，使其更符合自己的风格。

m001.jpg

m002.jpg

m003.jpg

m004.jpg

m005.jpg

m006.jpg

m007.jpg

m008.jpg

m009.jpg

m010.jpg

m011.jpg

m012.jpg

m013.jpg

m014.jpg

m015.jpg

m016.jpg

m017.jpg

m018.jpg

m019.jpg

m020.jpg

m021.jpg

m022.jpg

m023.jpg

m024.jpg

m025.jpg

m026.jpg

m027.jpg

m028.jpg

m029.jpg

m030.jpg

m031.jpg

m032.jpg

m033.jpg

m034.jpg

m035.jpg

m036.jpg

m037.jpg

m038.jpg

m039.jpg

m040.jpg

m041.jpg

m042.jpg

m043.jpg

m044.jpg

m045.jpg

m046.jpg

m047.jpg

m048.jpg

m049.jpg

m050.jpg

m051.jpg

m052.jpg

m053.jpg

m054.jpg

m055.jpg

m056.jpg

m057.jpg

m058.jpg

m059.jpg

m060.jpg

m061.jpg

m062.jpg

m063.jpg

m064.jpg

m065.jpg

m066.jpg

m067.jpg

m068.jpg

m069.jpg

m070.jpg

m071.jpg

m072.jpg

m073.jpg

m074.jpg

m075.jpg

m076.jpg

m077.jpg

m078.jpg

m079.jpg

m080.jpg

m081.jpg

m082.jpg

m083.jpg

m084.jpg

m085.jpg

m086.jpg

m087.jpg

m088.jpg

精美艺术写真模板

m089.jpg

m090.jpg

m091.jpg

m092.jpg

m093.jpg

m094.jpg

m095.jpg

m096.jpg

m097.jpg

m098.jpg

m099.jpg

目　录

Photoshop 中文版

数码照片修饰技巧与创意宝典

第1章　照片基本调整与修饰

　　摄影是一种奇妙的体验，在人生的旅途中，每个精彩的瞬间，都可以用照相机将它永远定格，使这瞬间成为可以永久纪念和分享的美好记忆。

　　然而当拍摄出的照片出现颜色过深、曝光过度或细节缺失等情况时，总是令人感到遗憾，使用本章介绍的方法可以快速解决照片中存在的常见问题。

1.1 裁切照片增强画面美感

在拍摄人物时，最好将人物置于画面的1/3处，而不是在正中央。这样的画面比较符合人们的视觉习惯，这样的构图方式比主角在正中央的画面更加美观。另外，在家中拍摄时，一些杂乱的背景也会影响画面的美感。如果照片的构图不够理想，可以用画面裁切重新构图的方式进行调整，处理前及处理后的效果如图1所示（ ● "Chap01/1_01.jpg"、● "Chap01/1_02.jpg"）。下面介绍具体的操作方法。

 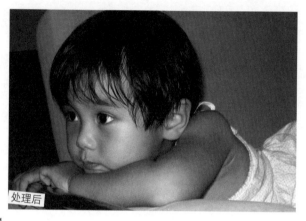

图1

提　示

对于此类照片，在拍摄时一定要采用高分辨率，这样才能在保证照片质量的同时，为后期处理留下较大的可操作空间。

操作步骤

01 在Photoshop工作区中打开需要处理的图像文件● "Chap01/1_01.jpg"，如图2所示。在这张照片中可以看到，人物处于画面的中心位置，左侧多余的空间影响了整个画面的美感，主体也不够突出。因此，需要用裁切的方式重新构图。

图2

02 选择工具箱中的【裁切工具】，在图像上按住鼠标左键并拖动鼠标创建一个裁切范围，如图3所示。此处，裁切区域四周的暗色区域表示将被裁切掉的区域。

03 更改选项栏中【不透明度】的数值，可以改变被裁切区域的不透明度。如果将数值设置为100%，该区域将显示为黑色，如图4所示。这样，能够更加直观地查看裁切后的效果。调整完成后，单击选项栏中的按钮或者按【Enter】键，裁掉照片周围区域，即可得到重新构图的画面效果。

图3

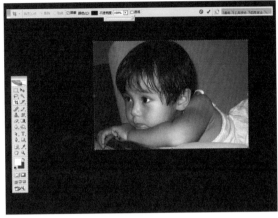

图4

提 示

拖曳裁切区域四周的控制点可调整裁切区域的大小。将鼠标指针放置在裁切区域之内，按住并拖动鼠标则可以调整裁切区域的位置。

1.2 精确矫正倾斜的画面

通常，在拍摄照片时要求相机处于水平位置，这样拍摄出来的影像才不会向一侧倾斜。拍摄者可以建筑物、电线杆等与地面平行或垂直的物体为参照物，尽量使画面在观景器内保持平衡。如果因为相机没有持平而出现画面水平倾斜的问题，可以结合应用【度量工具】与【任意角度】旋转命令，精确校正倾斜的照片，处理前及处理后的图片如图5所示（"Chap01/1_03.jpg"、"Chap01/1_04.jpg"）。

图5

操作步骤

01 打开需要校正的照片● "Chap01/1_03.jpg"。选择工具箱中的【度量工具】，在画面中应为水平的位置拖动鼠标建立度量线，如图6所示。

02 执行菜单【图像】→【旋转画布】→【任意角度】命令，弹出的对话框中会根据度量线自动设置旋转角度和方向，如图7所示。

图6

图7

提 示

在拍摄大场景时，相机镜头可能导致画面变形。因此，选择参考线时，尽量以画面中心位置的水平或者垂直线作为参考。如果建立了错误的度量线，可以单击选项栏上的　清除　按钮将其清除，然后拖动鼠标建立新的度量线。

03 单击【确定】按钮，将按照所指定的水平线旋转照片，如图8所示。

04 选择工具箱中的【裁切工具】，拖动鼠标在照片四周创建一个裁切区域，如图9所示。按【Enter】键，即可裁切掉周围多余的区域，得到校正后的照片如图9所示。

图8

图9

1.3　获取独特的倾斜视角

在拍摄照片时，如果想增加一些创作乐趣，可以改变视角进行拍摄。只要将相机左右移动相应的距离，构图就会产生极大的变化。在人像摄影中，对角线构图的合理应用可以使照片活力大增。使用Photoshop可以把"正"的照片变倾斜，从而得到独特的视觉效果，处理前及处理后的效果如图10所示（ ● "Chap01/1_05.jpg"、 ● "Chap01/1_06.jpg"）。

图10

操作步骤

01 打开附书光盘中需要倾斜的照片 ● "Chap01/ 1_05.jpg"。需要注意的是，在挑选这类照片时，为了保证画面完整，最好在主体周围保留有足够的空间。因为在旋转和裁切时，会裁掉一部分图像。选择工具箱中的【裁切工具】 ┹，在图像中拖动鼠标创建一个裁切区域，如图11所示。

02 把鼠标指针放置于裁切区域之外，鼠标指针显示为 ↰ 状态。按住并拖动鼠标，使裁切区域的角度与照片的倾斜角度吻合，如图12所示。调整完成后，按【Enter】键即可同时完成旋转和裁切照片的工作，得到最终的画面效果。

图11

图12

1.4　校正偏色的照片

　　数码照片出现偏色现象，最主要的原因是没有正确设置数码相机的白平衡功能。例如，在日光灯的房间里拍摄的照片偏绿，在白炽灯环境下拍摄的照片偏黄，而在日光阴影处拍摄到的照片偏蓝。在拍摄照片时，正确设置相机的白平衡能够在拍摄过程中有效地解决偏色问题。对于已经存在偏色的照片，可以使用下述方法解决，处理前及处理后的效果如图13所示（　"Chap01/1_07. jpg"、　"Chap01/1_08.jpg"）。

图13

　　无论照片是偏绿、偏蓝还是偏红、偏黄，对于没有太多色彩调整经验的家庭用户而言，最简单快速的方式就是尝试使用Photoshop的【自动颜色】命令。

操作步骤

01　打开需要调整的数码照片　"Chap01/1_07.jpg"。执行菜单【图像】→【调整】→【自动颜色】命令，Photoshop会自动对图像的色彩进行识别和判断，图像效果如图14所示。

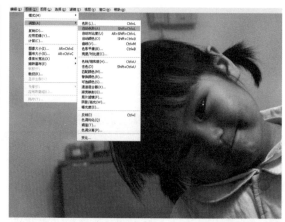

图14

> **提　示**
>
> 　　从调整后的效果可以看到，【自动颜色】命令基本解决了照片偏黄的问题，但目前画面中还多了些蓝色。如果【自动颜色】命令校正的效果不理想，则可以使用【变化】命令继续调整。【变化】命令是一个非常实用的命令，可以动态地预览图像的变化效果，并根据需要决定如何调整图像。

02 执行菜单【图像】→【调整】→【变化】命令，弹出【变化】对话框，如图15所示。对话框上方的【原稿】和【当前挑选】显示的两张图像，用于对比原始图像和调整后的效果。

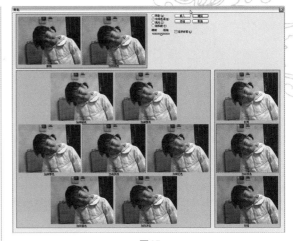

图15

提 示

拖动【精细】和【粗糙】下方的滑块可以调整变化的精度。向右拖动滑块，可以增大每次调整的程度，这样，在先期调整时能够从缩略图上清晰地看到各个缩略图所代表的调整趋势；选中右上方的【阴影】、【中间色调】、【高光】或【饱和度】，以确定需要针对性调整的区域；单击周围的色彩略图或者单击【较亮】、【较暗】对应的略图，可以将相应的色彩和明暗效果添加到图像中。

03 根据色彩调整的需要，单击相应的缩览图，每单击一个缩览图，所有的缩览图都会改变。对话框中心位置的【当前挑选】显示了当前调整的色彩效果，右侧的【当前挑选】显示了当前的明暗效果，如图16所示。调整完毕后，单击【确定】按钮即可将当前效果应用到图像中。

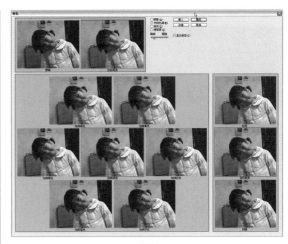

图16

1.5 快速去除红眼

"红眼"是在拍摄照片时闪光灯的光线透过瞳孔照在眼底，使毛细血管显现出鲜艳的红色导致的，是用闪光灯拍摄照片时经常会出现的问题。现在，很多数码相机都提供了消除红眼的功能，如果在拍摄时没有启用"消除红眼"模式，可以使用【颜色替换工具】通过简单的涂抹去除红眼，处理前及处理后的效果如图17所示（ "Chap01/1_09.jpg"、 "Chap01/1_10.jpg"）。

处理前

处理后

图17

操作步骤

01 打开需要去除红眼的素材照片 ⚫ "Chap01/1_09.jpg"，选择工具箱中的【缩放工具】🔍，在画面中单击鼠标，将眼部区域放大显示，如图18所示。

02 按快捷键【D】重置前景色和背景色，使前景色变为黑色。选择工具箱中的【颜色替换工具】🖌️，在选项栏中调整合适的画笔尺寸，然后在红眼的位置涂抹，即可将红眼去除，如图19所示。

图18

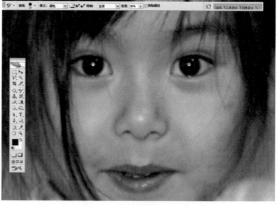
图19

1.6　校正曝光过度的照片

　　在拍摄照片时，如果照片中的景物过亮，而且亮的部分没有层次或细节，就容易使拍出来的照片曝光过度。在Photoshop中可以快速校正这类照片，增强画面的层次感，处理前及处理后的效果如图20所示（⚫ "Chap01/1_11.jpg"、⚫ "Chap01/1_12.psd"）。

图20

操作步骤

01 打开附书光盘中需要校正的素材照片 ◉ "Chap01/1_11.jpg"，将"背景"图层拖曳到【图层】面板下方的【创建新图层】按钮 上创建图层副本，如图21所示。

02 将"背景副本"的图层混合模式设置为【正片叠底】，画面变暗且丢失的细节也显示出来了，如图22所示。

图21

图22

03 在【图层】面板中拖动【不透明度】下方的三角滑块，调整正片叠底混合的强度。本例中调整为80%较为理想，如图23所示。

图23

04 按快捷键【Ctrl+E】将"背景副本"与
"背景"图层合并。执行菜单【文件】→
【另存为】命令保存制作完成的图像,如
图24所示。

图24

1.7 校正曝光不足的照片

拍摄曝光准确的照片,需要在拍摄时正确设置光圈和快门的组合。如果曝光不足,画面会显得比较暗,很多细节看不清楚。处理前及处理后的效果如图25所示(●"Chap01/1_13.jpg"、● "Chap01/1_14.psd")。下面介绍如何修复曝光不足的照片。

处理前

处理后

图25

操作步骤

01 打开需要校正的照片●"Chap01/1_13.
jpg",将"背景"图层拖曳到【图层】
面板下方的【创建新图层】按钮█上创建
副本,如图26所示。

02 将"背景副本"的图层混合模式设置为
【滤色】,使画面变亮,如图27所示。

图26

图27

03 在【图层】面板中拖曳【不透明度】下方的三角滑块，调整图层混合的强度。本例中调整为70%较为理想，如图28所示。

04 按快捷键【Ctrl+E】将"背景副本"与"背景"图层合并。执行菜单【图像】→【调整】→【色阶】命令，在弹出的对话框中拖曳滑块调整画面的明暗平衡，如图29所示。调整完成后，单击【确定】按钮，即可得到最终的画面效果。

图28

图29

1.8 提亮逆光拍摄的人物面部

逆光是照相机正对光源而被摄主体背对光源而产生的效果，在逆光环境下拍摄照片容易使人物脸部太暗或阴影部分看不清楚。【阴影/高光】校正功能可以快速改善图像曝光过度或曝光不足区域的对比度，同时保持照片的整体平衡。如果已经拍摄了效果不理想的逆光照片，可以使用【阴影/高光】命令快速进行调整，处理前及处理后的效果如图30所示（ "Chap01/1_15.jpg"、 "Chap01/ 1_16.psd"）。

图30

操作步骤

01 打开附书光盘中需要编辑的照片 ⚫ "Chap01/1_15.jpg"，将"背景"图层拖曳到【图层】面板下方的【创建新图层】按钮🔳上创建副本，如图31所示。

02 执行菜单【图像】→【调整】→【阴影/高光】命令，如图32所示。

图31

图32

03 拖曳对话框中的滑块，校正照片中曝光欠缺的暗部区域，如图33所示。

图33

提　示

虽然【阴影/高光】命令提亮了曝光欠缺的暗部区域，但是也在一定程度上破坏了整个画面的层次，因此，用户可以通过蒙版进一步编辑。

04 单击【图层】面板下方的【添加图层蒙版】按钮🔘，为副本图层添加蒙版，如图34所示。

图34

05 按【D】键重置前景色和背景色，再按快捷键【Ctrl+Delete】，以背景中的黑色填充蒙版，如图35所示。

图35

06 选择工具箱中的【画笔工具】✏，用白色在需要提亮的面部区域涂抹，编辑图层蒙版，如图36所示。

图36

07 在【图层】面板中拖曳【不透明度】下方的三角滑块，调整图层之间混合的强度。本例调整为70%较为理想，如图37所示。

08 按快捷键【Ctrl+E】将"背景副本"与"背景"图层合并。执行菜单【文件】→【另存为】命令保存制作完成的图像，如图38所示。这样，就能够最大程度地保留画面细节并提亮照片中的暗部区域。

图37

图38

1.9 突出单色的艺术

　　黑白背景中凸现出的一抹鲜艳的色彩会对视觉产生强烈的冲击和震撼。如果想要创建这种效果，只需要在调整【色相/饱和度】的时候保留所需要的颜色就可以了。使用这种方法，不但会使照片变得另类、具有艺术气息，还可以有效地屏蔽杂乱的背景，处理前及处理后的效果如图39所示（ ● "Chap01/1_17.jpg"、 ● "Chap01/1_18.psd"）。

处理前　　　　　　　　　　　　　　　处理后

图39

操作步骤

01 打开附书光盘中需要制作单色艺术效果的照片● "Chap01/1_17.jpg"。将"背景"图层拖曳到【图层】面板下方的【创建新图层】按钮 上创建一个副本，如图40所示。

02 执行菜单【图像】→【调整】→【去色】命令，去除副本图层中图像的色彩，如图41所示。

图40

图41

03 单击【图层】面板下方的【添加图层蒙版】按钮 ，为副本图层添加蒙版。选择工具箱中的【画笔工具】，在选项栏中设置合适尺寸的柔和笔刷，如图42所示。

04 将前景色设置为黑色，用画笔在图像上涂抹，被涂抹的区域就显示出背景图层中的色彩，如图43所示。根据需要调整笔刷尺寸，继续涂抹需要显示色彩的部分，即可得到最终的效果。

图42

图43

1.10　湖水一样清澈的蓝眼睛

"眼睛是心灵的窗户"。拥有一双迷人的蓝眼睛，是很多女孩的梦想。如果希望你的照片拥有一双清澈的蓝眼睛，用Photoshop就可以轻松实现，处理前及处理后的效果如图44所示（ "Chap01/1_19.jpg"、 "Chap01/1_20.psd"）。

处理前　　　　　　　处理后

图44

操作步骤

01 打开附书光盘中需要编辑的图像文件
"Chap01/1_19.jpg"，选择工具箱中的
【缩放工具】，在眼睛部位单击鼠标，
将图像放大显示，如图45所示。

02 选择工具箱中的【套索工具】，选中
一只眼球，如图46所示。

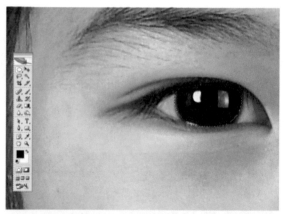

图45　　　　　　　　图46

03 执行菜单【选择】→【羽化】命令，或者
按快捷键【Ctrl+Alt+D】，在弹出的对话
框中将【羽化半径】设置为5像素，羽化
选区，如图47所示。

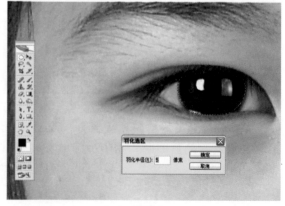

图47

04 单击【图层】面板下方的【创建新的填充或调整图层】按钮 ◎，，从弹出的菜单中选择【纯色】命令，如图48所示。

05 在对话框中将填充色彩设置为蓝色（R：107，G：203，B：248），如图49所示。

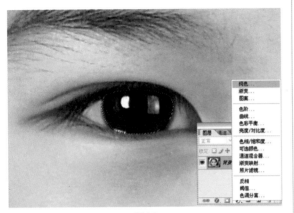

图48

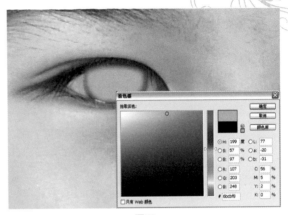

图49

06 设置完成后，单击【确定】按钮创建一个纯色填充图层，以蓝色填充选中的眼球。然后按住【Ctrl】键单击【图层】面板中的【图层蒙版缩览图】，载入填充区域的选区，如图50所示。

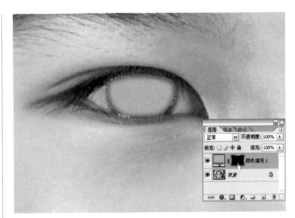

图50

07 执行菜单【滤镜】→【杂色】→【添加杂色】命令，在弹出的对话框中调整参数，为填充区域添加杂色，如图51所示。

08 执行菜单【滤镜】→【模糊】→【径向模糊】命令，在眼球中添加放射状的效果，如图52所示。

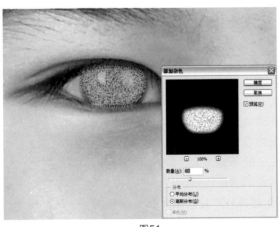

图51

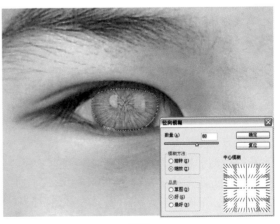

图52

09 在【图层】面板中将填充图层的混合模式设置为【颜色】，将色彩填充图层与下方的图层相混合，如图53所示。

10 在保持选区的状态下，选择"背景"图层，执行菜单【图像】→【调整】→【亮度/对比度】命令。在弹出的对话框中向右拖动【亮度】下方的三角滑块，提高眼睛部位的亮度，如图54所示。

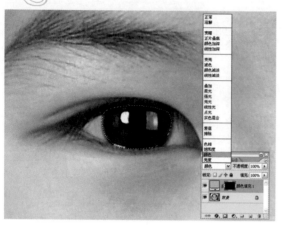

图53

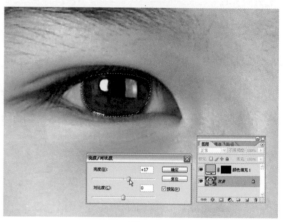

图54

11 调整完成后，单击【确定】按钮，即可看到眼睛变为蓝色的效果。用同样的方式处理另外一只眼睛，即可得到最终的画面效果，如图55所示。

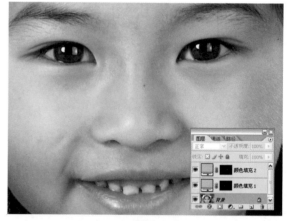

图55

1.11 镜头模糊虚化背景

"虚化背景"在摄影中被称为"浅景深"。浅景深的照片，只有焦点部分才会清晰显示，景深外的地方显得模糊。在拍摄照片时，光圈越大，景深越浅；焦距越长，景深越浅；物距（镜头和主体间的距离）越近，景深越浅。家用数码相机的光圈一般不会太大，焦距也不够长。通常使用"微距"模式近距离拍摄花朵、树叶等景物时，才能够得到满意的浅景深效果。对于拍摄人像，则显得力不从心。下面介绍使用Photoshop中的【镜头模糊】滤镜针对背景画面制作"虚化背景"效果的方法，处理前及处理后的效果如图56所示（ "Chap01/1_21.jpg" 、 "Chap01/1_22.psd" ）。

处理前　　　　处理后

图56

操作步骤

01 打开附书光盘中需要制作虚化背景效果的照片● "Chap01/1_21.jpg"。按键盘上的【D】键重置前景色和背景色，然后按下【Q】键进入快速蒙版模式，如图57所示。

02 选择工具箱中的【渐变工具】■，在选项栏中将渐变方式设置为【线性渐变】■。从人物所在的中心位置向需要制作虚化背景的方向拖动鼠标，创建一个渐变的快速蒙版，如图58所示。

图57

图58

03 按键盘上的【Q】键将快速蒙版转换为选区，然后切换到【通道】面板，单击面板下方的【将选区存储为通道】按钮■，将选区保存为通道 "Alpha1"，如图59所示。

04 按快捷键【Ctrl+D】取消选区，执行菜单【滤镜】→【模糊】→【镜头模糊】命令，打开【镜头模糊】对话框，如图60所示。

图59

图60

05 单击【源】右侧的三角按钮，从下拉列表中选择"Alpha1"作为"源"，然后在预览窗口中单击需要清晰显示的人物面部，确定镜头模糊的聚焦中心的位置，如图61所示。

06 拖动【半径】下方的三角滑块调整镜头模糊的程度，如图62所示。单击【确定】按钮，即可得到虚化背景的效果。

图61

图62

1.12 高斯模糊虚化背景

　　使用上例介绍的方法对人物照片进行处理时，如果人物处于画面的中心位置，只采用渐变工具创建需要模糊的区域会导致人物的主体部分也变得模糊。对于这类照片，需要将图层蒙版与【高斯模糊】滤镜相结合，来创建满意的虚化背景效果，处理前及处理后的效果如图63所示（ ● "Chap01/1_23.jpg"、● "Chap01/1_24.psd"）。

处理前

处理后

图63

操作步骤

01 打开需要虚化背景的照片 ● "Chap01/ 1_23.jpg"。在【图层】面板中将"背景" 图层拖曳到面板下方的【创建新图层】按钮 □ 上创建一个副本，如图64所示。

02 执行菜单【滤镜】→【模糊】→【高斯模 糊】命令，在弹出的对话框中调整模糊半 径，使整个画面变得模糊，如图65所示。

图64

图65

03 单击【图层】面板下方的【添加图层蒙 版】按钮 ◻，为模糊的图层添加一个图层 蒙版。选择工具箱中的【画笔工具】 ✎， 并在选项栏中设置画笔尺寸。然后将前景 色设置为黑色，如图66所示。

图66

04 用画笔在需要清晰显示的前景以及人物区域内涂抹，被涂抹的区域变得清晰，如图67所示。

05 根据需要调整画笔的尺寸，对蒙版的细节进行进一步的编辑，即可得到虚化背景的画面效果，如图68所示。

图67

图68

1.13 模拟柔焦镜的拍摄效果

在相机上加装柔焦镜进行拍摄时，能够使拍摄出来的照片出现散射的光线效果，产生朦胧的画面效果。如果数码相机没有配备柔焦镜，用Photoshop也可以轻易实现这种效果，处理前及处理后的效果如图69所示（ ●"Chap01/1_25.jpg"、 ●"Chap01/1_26.psd"）。

处理前 处理后

图69

操作步骤

01 执行菜单【文件】→【打开】命令，打开附书光盘中的照片文件●"Chap01/1_25.jpg"。把"背景"图层拖曳到面板下方的【创建新图层】按钮▣上创建一个副本，如图70所示。

02 执行菜单【滤镜】→【模糊】→【高斯模糊】命令，在弹出的对话框中调整模糊半径，使图像变得模糊，如图71所示。

图70

图71

03 将图层的混合模式设置为【滤色】，使副本图层与下方的图层叠加，得到柔和的画面效果，如图72所示。

04 在【图层】面板中选择"背景"图层，执行菜单【滤镜】→【扭曲】→【扩散亮光】命令，如图73所示。

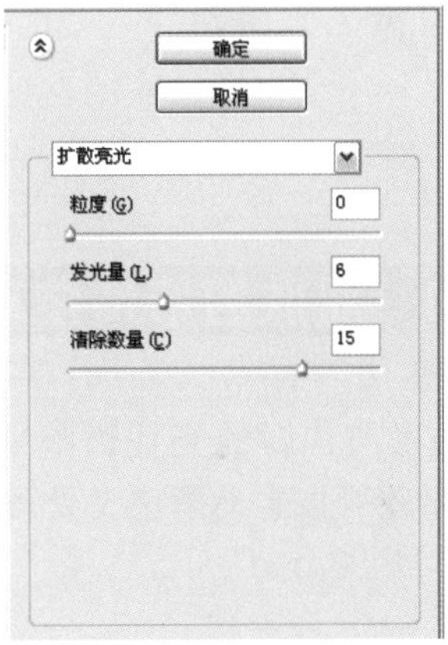

图72

图73

05 在对话框中调整各项参数，然后单击【确定】按钮，为画面添加散射的光线效果，如图74所示。

图74

06 添加散射的光线后，影响了人物主体的清晰度。为了解决这个问题，执行菜单【窗口】→【历史记录】命令，显示【历史记录】面板。并在面板中的【打开】前单击鼠标，设置历史记录画笔的"源"，如图75所示。

图75

07 选择工具箱中的【历史记录画笔工具】，对人物的面部和身体部位进行涂抹，去除应用于其上的扩散亮光效果，即可得到最终的画面效果，如图76所示。

图76

1.14 肌肤的修饰技巧

由于拍摄照片时的光线影响或者白平衡调节得不准确，会导致皮肤暗黄。这类问题，用Photoshop就可以轻易解决，处理前及处理后的效果如图77所示（ "Chap01/1_27.jpg"、 "Chap01/1_28.psd" ）。

处理前

处理后

图77

操作步骤

01 打开附书光盘中需要调整的素材照片 "Chap01/1_27.jpg"。切换到【通道】面板，单击面板上的"红"、"绿"、"蓝"通道，选择一个皮肤区域与其他区域对比最明显的通道，此处选择"红"通道，如图78所示。

02 将红色通道拖动到【通道】面板下方的【创建新通道】按钮 上，创建一个副本，如图79所示。

图78

图79

03 执行菜单【图像】→【调整】→【色阶】命令，在弹出的对话框中拖动三角滑块调整色阶，增大"红副本"通道中图像的对比度，如图80所示。

04 按住【Ctrl】键单击【红副本】通道载入选区，如图81所示。

图80

图81

05 切换到【图层】面板，选择"背景"图层，单击【图层】面板下方的【创建新的填充或调整图层】按钮 ，并从弹出的菜单中选择【纯色】命令，如图82所示。

06 在弹出的【拾色器】对话框中将色彩设置为浅粉色，单击【确定】按钮，以指定色彩填充选区中的图像，如图83所示。

图82

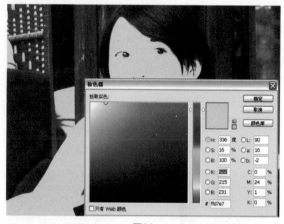

图83

07 在工具箱中将前景色设置为黑色，选择
【画笔工具】✐，在皮肤之外的区域进行
涂抹，将它们恢复到原来的状态，如图84
所示。

图84

提 示

这里所编辑的实际是填充图层的蒙版，以黑色涂抹会减小被填充颜色的区域。

08 在【图层】面板中将填充图层的混合模式
设置为【滤色】，如图85所示。

09 拖动滑块调整【图层】面板上的【不透明
度】，并在调整过程中查看肤色的变化，
以达到满意的效果，如图86所示。

图85

图86

Photoshop 中文版

数码照片修饰技巧与创意宝典

第2章　数码照片常见抠图技巧

在进行数码照片合成制作时，经常需要将照片中的人像与背景分离，并与创意背景融为一体。这里所涉及的关键技术问题就是如何将照片中需要的部分精确地提取出来，一般称为抠图或去背处理。抠图的技法有很多种，包括利用选框工具抠图、使用套索工具和多边形套索工具抠图、魔棒选取、磁性套索抠图、路径抠图以及魔术橡皮擦工具、背景橡皮擦工具、专用抽取工具、图层蒙版和Alpha 通道法等。下面将系统地介绍抠图技法。

2.1　抠图技法概述

　　Photoshop提供了多种抠图的技法，这些方法各有特点，实际操作中要根据照片的特点和想要达到的效果，选择适当的方法来处理照片。表2-1列出了常见的抠图技法以及所适用的图像特点和操作过程中的注意事项。

表2-1　常见的抠图技法

抠图方法	适用图像特点	注意事项
选框工具	任何图像，照片合成效果不要求精确	一般要配合边缘羽化处理，可以运用【自定形状工具】制作不规则选区
魔棒工具	背景色简单，图像与背景色色差明显，轮廓清晰	合理设置容差值
磁性套索工具	轮廓清晰	抠出的图像比较"生硬"
背景橡皮擦工具	图像与背景色有明显色差，推荐前景色或背景色为单色，可以处理一些毛发效果	
路径工具	轮廓不规则但清晰 背景色与图像色差不明显	抠出的图像比较"生硬"，可以添加阴影或使用【羽化】效果修饰
专用抽出滤镜	毛发等图像	毛发会有一定的损失
Alpha 通道法	毛发等图像 半透明效果的图像	注意选择适合操作的通道

2.2　最简单的抠图方法——选框工具

　　在处理照片时，抠图是最耗时也是最制约画面效果的操作。有些人物照片与画面的合成，并不需要完全按照人物轮廓提取画面也同样可以与背景完美地融合。对于这类照片而言，最简单最轻松的方法就是使用选框工具快速提取图像，处理前及处理后的效果如图1所示（　"Chap02/2_01.jpg"、　"Chap02/2_02.psd"）。

处理前　　　　处理后

图1

2.2.1　选框工具的抠图流程

选框工具的抠图流程如下。

1. 用选框工具（包括【矩形选框工具】▦ 和【椭圆选框工具】◯）选取照片中需要的图像部分。
2. 将选中的图像复制并粘贴到背景上。

提　示

　　为了使图像与背景融合得更好，建议为选区设置适当的【羽化】值，柔化选区的边缘。使用选项栏中的羽化功能，必须在创建选区之前设置羽化数值，不能在创建选区之后再设置数值进行羽化操作。如果希望羽化已经创建的选区，则可以使用【选择】菜单中的【羽化】命令。【羽化】命令与选框工具选项栏中【羽化】选项的作用相同，都是用于模糊选区的边缘，产生过渡效果。它们的区别在于：【羽化】选项用于直接创建带羽化效果的选区，而【羽化】命令则是在创建选区之后再进行羽化操作。

操作步骤

01 打开附书光盘中的数码照片⦿ "Chap02/2_01.jpg"，如图2所示。

图2

02 选择工具箱中的【椭圆选框工具】◯。在选项栏中将【羽化】值设置为60像素（具体的【羽化】数值要根据照片的像素尺寸合理设置），并选中【消除锯齿】复选框，如图3所示。

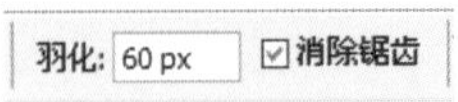

羽化: 60 px　☑消除锯齿

图3

03 在人物的左上角按住鼠标左键，向右下方拖曳鼠标，确定要选取的区域后，释放鼠标，如图4所示。再按快捷键【Ctrl+C】将图像复制到剪贴板。

04 打开附书光盘中预先制作完成的模板文件⦿ "Chap02/2_03.psd"，如图5所示。

提　示

　　在使用【椭圆选框工具】◯ 创建选区时，按住【Shift】键拖动鼠标，可以创建圆形选区。

图4

图5

05 切换到模板文件，按快捷键【Ctrl+V】将复制的图像粘贴到模板中，如图6所示。由于图片尺寸不同，需要对图像大小进行调整。

06 执行菜单【编辑】→【自由变换】命令，如图7所示。或按快捷键【Ctrl+T】调出自由变换框。

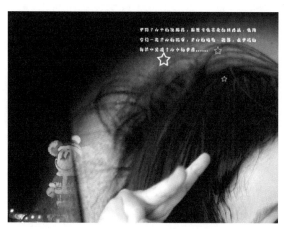

图6

编辑(E) 图像(I) 图层(L) 选择(S) 滤镜	
还原取消选择(O)	Ctrl+Z
前进一步(W)	Shift+Ctrl+Z
后退一步(K)	Alt+Ctrl+Z
渐隐(D)...	Shift+Ctrl+F
剪切(T)	Ctrl+X
拷贝(C)	Ctrl+C
合并拷贝(Y)	Shift+Ctrl+C
粘贴(P)	Ctrl+V
贴入(I)	Shift+Ctrl+V
清除(E)	
拼写检查(H)...	
查找和替换文本(X)...	
填充(L)...	Shift+F5
描边(S)...	
自由变换(F)	Ctrl+T
变换	▶
定义画笔预设(B)...	
定义图案(Q)...	

图7

07 此时图像边缘有8个方形控制点，如图8所示。用鼠标拖曳这8个方形点可调整图像大小，同时按住【Shift】键可以使图像按比例缩放。当鼠标悬停在矩形框的四角时，光标变为状态，拖曳鼠标即可旋转图像。

图8

08 调整完成后，在图像上双击鼠标或按【Enter】键确认操作。选择工具箱中的【移动工具】 ⊕，再将图像移动到合适的位置，如图9所示。

图9

2.2.2 背景知识：锯齿与消除锯齿

在图像中创建一个椭圆形的选区，将图像尽量放大，可以看到选区的边缘是一个个的小矩形，如图10所示。这是因为图像中的最小单位是像素，选区必须按照像素的边缘创建，而不能创建包含1/n像素的选区。这些因像素的形状而定的选区边缘，被称之为"锯齿"。

【消除锯齿】选项可以通过使选区的边缘与周围的像素产生过渡而产生较为平滑的边缘。这种操作只是改变边缘像素而不会丢失图像其他部分的细节。未选中【消除锯齿】选项和选中【消除锯齿】选项后创建的选区效果如图11所示。在Photoshop的选择工具中，【椭圆选框工具】 ◯、【套索工具】 ◯、【多边形套索工具】 ◯、【磁性套索工具】 ◯以及【魔棒工具】 ◯的选项栏中都可以对【消除锯齿】选项进行设置。

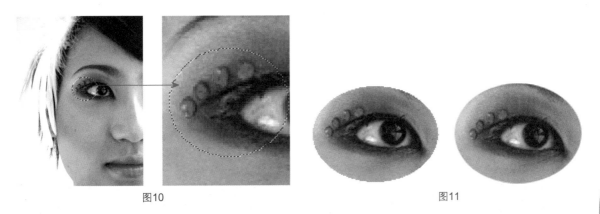

图10   图11

提 示

必须先选中【消除锯齿】复选框，再创建选区，才能够起到消除锯齿的作用。

2.2.3 高级技巧：操作自由的套索工具

使用选框工具抠图虽然简单快捷，容易掌握，但是Photoshop中只提供了【矩形选框工具】和【椭圆选框工具】，限制了照片的创意合成。下面将介绍另外一个操作更加自由的【套索工具】 ◯。

　　【套索工具】可以自由地手工绘制不规则的选区，它的随意性很大，要求使用者对鼠标有良好的控制能力。【套索工具】常用于创建不规则的选区或者修补已经存在的选区。在使用时，按住鼠标左键，沿需要绘制的图像边缘拖动鼠标，绘制完成后，释放鼠标左键，闭合选区。

提　示

在创建选区之前，按住【Alt】键可以临时切换为【多边形套索工具】。

操作步骤

01 打开附书光盘中的数码照片● "Chap02/2_04.jpg"，如图12所示。

02 选择工具箱中的【套索工具】，如图13所示。在选项栏中将【羽化】值设置为60像素，并勾选【消除锯齿】复选框，如图14所示。

图12

图13　　　　　　　　图14

03 在想要选取的人物外侧单击鼠标左键，然后沿着人物轮廓拖曳鼠标，创建选区，如图15所示。

04 选区创建完成后，释放鼠标左键。按快捷键【Ctrl+C】将图像复制到剪贴板，如图16所示。

图15

图16

提 示

如果需要调整选区,可以选择工具箱中的【套索工具】，按住【Shift】键圈选要增加的图像范围，按住【Alt】键圈选要去除的图像范围。

05 打开附书光盘中的模板文件 "Chap02/2_03.psd"，按快捷键【Ctrl+V】将复制的图像粘贴到模板中。此时因图片尺寸不同，需要对图像大小进行调整，如图17所示。

06 按快捷键【Ctrl+T】调出自由变换框，拖动控制点调整图像的尺寸，然后将图像移动到适当的位置，得到最终的合成效果，如图18所示（附书光盘中 "Chap02/2_05.psd"）。

图17

图18

2.2.4 高级技巧：创意形状的自定形状工具

【自定形状工具】 是Photoshop提供的特殊的预设形状路径绘制工具，它为用户提供了更为多样的边框效果，如图19所示。

图19

自定形状工具组中的任意一种工具都包括3种绘制模式，它们分别是：

- 【形状图层】：选择此模式，绘制的图形以蒙版的形式出现在【图层】面板中，同时在【路径】面板中以剪贴路径的形式存在。
- 【路径】：选择此模式，绘制的图形在【路径】面板中以工作路径的形式存在，【图层】面板没有任何变化。
- 【填充像素】：选择此模式，仅在绘制的区域以前景色填充，【图层】面板和【路径】面板没有任何变化。

选择工具箱中的【自定形状工具】按钮 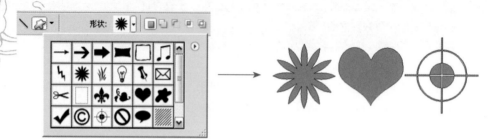，单击选项栏中【形状】右侧的三角按钮，从下拉列表中选择需要的预设形状，如图20所示。

图20

使用特殊路径绘制工具绘制出图形后，还可以选择其他工具继续绘制，并且可以设置新绘制的图形与原图形的叠加关系。按下 中的任意一个按钮，可以设置不同的叠加形式。

- 【添加到路径区域】：与原先的图形相加。
- 【从路径区域减去】：从原先的区域中减去新绘制的区域。
- 【交叉路径区域】：保留两个图形叠加后相交的部分。
- 【重叠路径区域除外】：删除两个图形叠加的部分。

操作步骤

01 打开附书光盘中的数码照片 "Chap02/2_06.jpg"，如图21所示。

02 选择工具箱中的【自定形状工具】，如图22所示。在选项栏中选择【形状】为【红桃】，如图23所示。

图21

图22

图23

03 单击选项栏中的【路径】按钮 ▨，切换到路径绘制模式，如图24所示。

图24

04 在图像中按住并拖动鼠标，创建路径，从画面中选取所需的区域，如图25所示。

图25

05 在工作区显示【路径】面板，单击面板下方的【将路径作为选区载入】按钮 ◯，将路径转换为心形的选区，如图26所示。

图26

06 执行菜单【选择】→【羽化】命令，在弹出对话框中将【羽化半径】设置为50像素，如图27所示。单击【确定】按钮羽化选区。再按快捷键【Ctrl+C】将选中的图像复制到剪贴板。

图27

07 打开附书光盘中的模板文件 ◎ "Chap02/ 2_03.psd", 按快捷键【Ctrl+V】将复制 的图像粘贴到模板中, 如图28所示。

08 按快捷键【Ctrl+T】调出自由变换框, 拖 动控制点调整粘贴的图像尺寸, 并将其移 动到模板的适当位置, 完成画面的合成, 如图29所示 (附书光盘中 ◎ "Chap02/ 2_07.psd")。

图28

图29

2.3　最快捷的抠图方法——魔棒工具

　　当需要沿着人物轮廓抠图时, 操作就变得相对复杂。如果照片中需要提取的人物与背景色轮廓清晰、色差大且背景色不十分复杂时, 可以考虑使用【魔棒工具】来进行抠图。【魔棒工具】尤其适合背景由大片的色块组成的图像, 处理前及处理后的效果如图30所示 (◎ "Chap02/2_08. jpg"、◎ "Chap02/2_09.psd")。

处理前

处理后

图30

【魔棒工具】可以选择颜色相似的像素区域,通过在选项栏中调整【容差】值,控制选择像素的方式。此方法适用性不是很广,且抠出的人物效果不是非常精细,尤其毛发损失会比较大,可以考虑用一些图层效果或装饰物进行修饰。【魔棒工具】选项栏如图31所示。

图31

- 【容差】:设置选取的范围和精度,参数设置范围为0~255。设置较小的数值,将选择与鼠标单击位置的色彩非常接近的像素。设置较大的数值,可选择较大的颜色范围。如果输入最大数值255,则会选择整幅画面。
- 【消除锯齿】:勾选此选项,可通过使选区的边缘与周围的像素产生过渡而产生较平滑的边缘。这种操作只是改变边缘像素而不会丢失图像其他部分的细节。
- 【连续】:选中该选项,只在相邻的区域选择颜色。不选中该选项,则在整个图像中选择颜色。
- 【对所有图层取样】:选中该选项,将在所有可见图层中选择颜色。不选中该选项,则只在当前图层中选择颜色。

2.3.1 魔棒工具的抠图流程

魔棒工具可以根据照片上背景与人物的色彩差异,将背景选取出来,再经过反选即可得到人物的选区。有时还需要结合矩形选框工具或多边形套索工具对选区进行调整。

操作步骤

01 打开附书光盘中的数码照片素材 "Chap02/2_08.jpg",如图32所示。

图32

02 选择工具箱中的【魔棒工具】,在选项栏中将【容差】设置为60像素(实际运用时可以多尝试几个值比较效果),并勾选【消除锯齿】复选框,如图33所示。

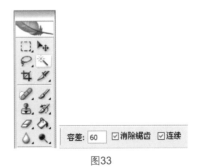

图33

03 在照片背景中选择适合的位置,单击鼠标左键。本照片中选择的背景色位置如图34所示。实际操作中可以多选几个位置尝试,以获取人物轮廓的最佳选区。

04 由于背景中还有比较大的色块范围没有被选中,因此可按住【Shift】键,在想要增加选区的区域内单击鼠标,即可增加选区,如图35所示。

图34

图35

05 选择工具箱中的【多边形套索工具】 （根据个人习惯也可使用【套索工具】 ），如图36所示。

06 按住【Shift】键，在照片适当的位置按住并拖动鼠标，增加选区；按住【Alt】键，在照片中按住并拖动鼠标，去除不需要的选区。这样背景选区就创建完成了，如图37所示。

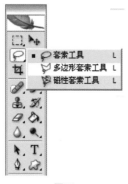

图36

图37

07 按快捷键【Ctrl+Shift+I】反选选区，选中人物，如图38所示。然后按快捷键【Ctrl+C】将图像复制到剪贴板。

图38

08 打开附书光盘中的模板文件💿"Chap02/ 2_10.psd",如图39所示。

09 按快捷键【Ctrl+V】将复制的图像粘贴到 模板中,如图40所示。

图39

图40

10 选择工具箱中的【移动工具】▶︎₊,将人 物移动到合适的位置,完成最终的画面合 成,如图41所示。

图41

2.3.2 高级技巧:移花接木障眼法

使用【魔棒工具】抠选出的人物可能会存在一些缺损,在前面的范例中,我们将缺损的部分 (人物的腰部)移出画面外。除此之外,还可以在人物图层之上叠加一些装饰图案图层,用以掩盖 缺损部分。为了使人物与背景融合得更自然,还可以为人物图层添加阴影效果。

操作步骤

01 选择工具箱中的【移动工具】▶︎₊,将人 物上移,如图42所示。

02 打开【图层】面板,在模板中,"图层4" 是一个浮动的花朵图层,用鼠标将其拖曳 到人物图层"图层5"的上方,如图43所示 (附书光盘中💿"Chap02/2_11.psd")。

图42

图43

03 选择工具箱中的【移动工具】，将"图层4"中的花朵拖曳到人物的腰部，遮盖缺损的部分，如图44所示。

图44

04 在【图层】面板中选择人物所在的"图层5"，单击面板左下方的【添加图层样式】按钮，在弹出菜单中选择【投影】命令，如图45所示。

图45

05 在弹出的【图层样式】面板中，将【大小】设置为20像素，如图46所示。然后单击【确定】按钮。

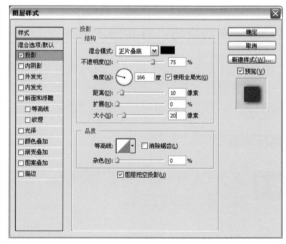

图46

06 这样，就制作出为人物添加阴影，并且以花朵遮盖缺损区域的画面合成效果，如图47所示（附书光盘中◉ "Chap02/2_12.psd"）。

图47

2.4 智能抠图——磁性套索工具

当需要处理的人物与背景有鲜明的轮廓并且边缘色彩反差较大时，无论背景色是否复杂，都可以使用【磁性套索工具】🗲进行抠图处理，处理前及处理后的效果如图48所示（◉ "Chap02/2_13.jpg"、◉ "Chap02/2_14.psd"）。

处理前

处理后

图48

【磁性套索工具】的原理是分析色彩边界，它在鼠标指针的移动路径中找到色彩的分界线并把它们连起来形成选区。【磁性套索工具】的选项栏如图49所示。

| 🗲 ▾ | □□□□ | 羽化: | 0 px | ☑消除锯齿 | 宽度: | 20 px | 边对比度: | 10% | 频率: | 60 |

图49

- 【羽化】：用于设置选区的羽化属性。羽化选区可以模糊选区边缘的像素，产生过渡效果。这种模糊会使选区边缘上的一些细节丢失。
- 【消除锯齿】：通过使选区的边缘与周围的像素产生过渡而形成较为平滑的边缘。这种操作只是改变边缘像素而不会丢失图像其他部分的细节。
- 【宽度】：设置探测宽度，参数设置范围为1~256像素。【磁性套索工具】只探测从鼠标指针到设置宽度范围以内的图像。
- 【边对比度】：设置套索对图像边缘的灵敏度，参数设置范围为1%~100%。设置较高的值只探测与周围对比强烈的边缘，较低的值则可以探测低对比度的边缘。
- 【频率】：设置套索紧固点的速率，参数设置范围为0~100。数值越大，添加到选区边缘上的紧固点越多。

提 示

在边缘较为明显的图像上，可以使用较大的套索宽度和较高的边对比度，然后粗略地跟踪边缘。在边缘较柔和的图像上，应尝试使用较小的宽度和较低的边对比度，这样可以更精确地跟踪边缘。使用较小的宽度值、较高的边对比度可得到最精确的选区；使用较大的宽度值、较小的边对比度可得到粗略的选区。

创建选区时，按下【[】键可将磁性套索宽度减少1个像素，按下【]】键可将套索宽度增加1个像素。

2.4.1 磁性套索工具的抠图流程

使用【磁性套索工具】，可以按照以下的流程操作。

（1）在需要创建选区的图像边缘单击鼠标设置绘制起点。

（2）将鼠标指针沿着需要跟踪的图像边缘移动，当移动指针时，【磁性套索工具】会贴紧图像中色彩对比最强烈的边缘自动绘制线段。【磁性套索工具】每隔一段时间就会将紧固点添加到选区的边缘上，以定位前面绘制完成的线段。

（3）如果选区的边缘没有贴紧想要的边缘，单击鼠标，手工添加一个紧固点确定需要跟踪的位置。

（4）继续跟踪边缘，并根据需要添加紧固点，直到鼠标指针的位置与最初设置的绘制起点重合。

（5）在重合点上单击鼠标，即可闭合选区。

提 示

使用【磁性套索工具】创建选区时，如果需要选取的图像边缘与周围的色彩对比不是很明显，会导致选区不够精确。这时，可以使用【套索工具】来修补选区。绘制过程中，按【Backspace】键或【Delete】键可以逐步撤销已经绘制的线段。

操作步骤

01 打开附书光盘中的数码照片素材 "Chap02/2_13.jpg"，如图50所示。

02 选择工具箱中的【磁性套索工具】，如图51所示。在选项栏中勾选【消除锯齿】复选框，设置【宽度】为10像素；【边对比度】为10%；【频率】为60，如图52所示。

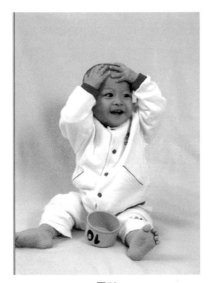

图50

套索工具 L
多边形套索工具 L
磁性套索工具 L

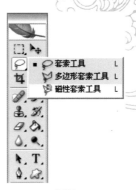

图51

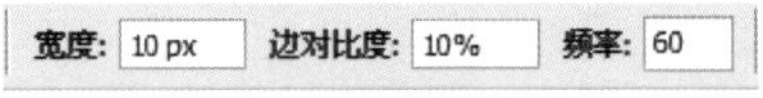

宽度: 10 px
边对比度: 10%
频率: 60

图52

03 在照片中人物轮廓上单击鼠标左键，沿人物轮廓移动鼠标，即可自动沿人物轮廓生成选区，如图53所示。环绕人物一周后单击鼠标闭合选区。生成后的选区细节上还需要调整，人物的脚趾部分画面没有被圈选进来，而肘部需要进一步去掉背景画面。

04 选择工具箱中的【缩放工具】，在画面上单击鼠标或者按快捷键【Ctrl+ +】，将人物放大显示，以便查看人物轮廓是否精确。选择工具箱中的【多边形套索工具】，按住【Shift】键，选中需要增加的人物脚趾部分；按住【Alt】键，将肘部多余的区域从选区中减去，如图54所示。

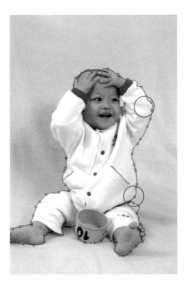

图53

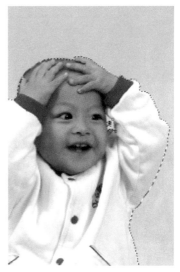

图54

05 选区创建完成后，按快捷键【Ctrl+C】将图像复制到剪贴板，如图55所示。

06 打开附书光盘中预先制作好的模板文件“Chap02/2_15.psd”，如图56所示。

图55

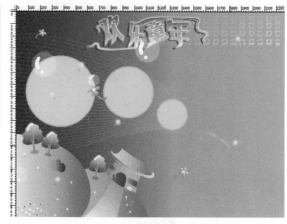

图56

07 按快捷键【Ctrl+V】将复制的图像粘贴到模板上，如图57所示。

08 执行菜单【编辑】→【自由变换】命令，或按快捷键【Ctrl+T】调出自由变换框，拖曳控制点调整人物图像的尺寸，如图58所示。

图57

图58

09 选择工具箱中的【移动工具】，将人物移动到合适的位置，完成画面合成，如图59所示。

图59

2.4.2 高级技巧：如何使用磁性套索工具与魔棒工具

【磁性套索工具】 🖾 与【魔棒工具】 🖾 相似，也是利用画面中的色彩差异选取选区。对于某些画面而言，两种方法的抠图结果类似，而有些画面则只适合使用【磁性套索工具】。下面以范例说明两种方法的初步抠图效果，帮助读者在实际操作中有针对性地进行选择。

操作步骤

01 使用【磁性套索工具】选取选区，人物选择较为精确，稍加修整后就可以使用，如图60所示。

图60

02 使用【魔棒工具】选取选区，人物轮廓细节差异相对多一些，需要调整的部位多，且选取的是背景画面，需要反选才能够得到人物选区，如图61所示。

图61

03 此图片背景比较杂乱，使用【磁性套索工具】过程中需要设置较低的【宽度】值，并要不断修正自动生成的定位点，最后才能生成较精确的人物轮廓选区，如图62所示。

图62

04 使用【魔棒工具】选取背景，由于背景色过于复杂，无论选择哪个点作为颜色取样点，选择的效果都会如图中所示的效果，基本无法使用，如图63所示。

图63

2.5 专用抠图工具——背景橡皮擦工具

Photoshop提供了一种专用的抠图工具，即【背景橡皮擦工具】。它可以通过指定前景色和背景色，沿人物轮廓拖曳鼠标，将图层上的背景像素涂抹成透明，从而完成抠图处理，处理前及处理后的效果如图64所示（ ●"Chap02/2_16.jpg"、●"Chap02/2_17.psd"）。

处理前

处理后

图64

这种抠图方法适用范围比较广。与前面所介绍的3种方法不同的是，【背景橡皮擦工具】可以选取简单的毛发，但操作相对复杂。【背景橡皮擦工具】的选项栏如图65所示。

图65

- 【画笔】：单击其右侧的三角按钮，在下拉列表中可以设置【直径】、【硬度】、【间距】、【角度】以及【圆度】等画笔属性。
- 【取样】：用于设置擦除过程中的取样方式。【取样：连续】随着拖移连续采取色样；【取样：一次】只抹除包含第一次单击的颜色区域；【取样：背景色板】只抹除包含当前背景色的区域。
- 【消除锯齿】：通过使选区的边缘与周围的像素产生过渡而产生较为平滑的边缘。这种操作只是改变边缘像素而不会丢失图像其他部分的细节。
- 【限制】：单击文本框右侧的三角按钮，从下拉列表中可选取抹除的【限制】模式。【不连续】是抹除出现在画笔下任何位置的样本颜色；【连续】是抹除包含样本颜色并且相互连接的区域；【查找边缘】是抹除包含样本颜色的连接区域并更好地保留形状边缘的锐化程度。
- 【容差】：用于调整容差的数值。低容差仅限于抹除与样本颜色非常相似的区域，高容差抹除范围更广的颜色。
- 【保护前景色】：勾选此复选框，可防止抹除与工具箱中的前景色匹配的区域。

2.5.1　背景橡皮擦工具的抠图流程

选择工具箱中的【背景橡皮擦工具】，根据照片情况设置画笔和取样方式等属性，将前景色指定为人物色彩（即需要保护的色彩），将背景色指定为画面背景（即需要透空的色彩）。在要选取的人物轮廓边缘单击鼠标左键，沿图像轮廓边缘移动鼠标，背景即可被抹除。必要时，可以根据人物与背景的局部色彩变化重新指定前景色和背景色，重复执行上述操作。人物边缘透空后，可使用【磁性套索工具】或者【多边形套索工具】快速选取并去除余下的大面积背景。

操作步骤

01 打开附书光盘中的数码照片 "Chap02/2_16.jpg"，如图66所示。按快捷键【Ctrl+A】全选整个图像，按快捷键【Ctrl+C】将选中的图像复制到剪贴板。

02 打开要与照片合成的模板 "Chap02/2_18.psd"，如图67所示。

图66

图67

03 按快捷键【Ctrl+V】将图像粘贴到模板中，如图68所示。

04 调整人物的大小并将它拖曳到适当的位置，如图69所示。

图68

图69

05 选择工具箱中的【背景橡皮擦工具】，如图70所示。

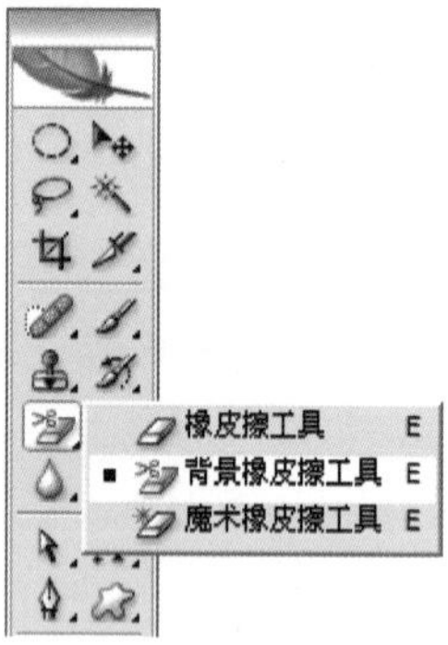

06 在选项栏中将画笔【直径】设置为50像素，取样方式设置为【取样：背景色板】，【限制】设置为【查找边缘】，【容差】设置为22%，并勾选【保护前景色】复选框，如图71所示。

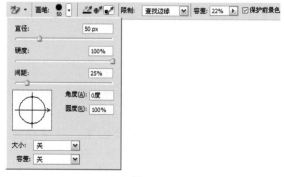

图70

图71

07 单击工具箱下方的【设置前景色】图标，弹出【拾色器】对话框后，鼠标指针变为吸管状。在人物皮肤区域单击鼠标吸取颜色，将此颜色设置为前景色，如图72所示。单击【确定】按钮退出对话框。

08 单击工具箱下方的【设置背景色】图标，参考上一步介绍的方法，将背景色设置为人物背景中的灰色，如图73所示。

图72

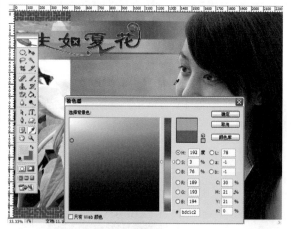

图73

09 将鼠标指针置于照片上，鼠标指针变为形状。沿人物轮廓拖曳鼠标，即可将轮廓边缘的灰色背景擦掉，如图74所示。

10 使用【背景橡皮擦工具】擦除人物轮廓的背景后，继续在要去除的背景上涂抹，即可得到背景透空的效果，如图75所示。

图74

图75

11 在人物轮廓上还有一些深灰色没有擦除，按第7～8步的方法将背景色设置为需要擦掉的深灰色，如图76所示。

12 按第9～10步的方法将人物轮廓和背景中残留的深灰色擦除，如图77所示。

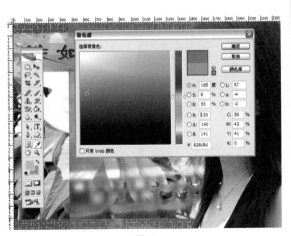

图76

图77

13 此时，画面中人物背景已经基本擦掉，但还有一些残留背景。修改选项栏中的设置，使指定的背景色值范围扩大，将画笔【直径】设置为100像素，取样方式为【取样：连续】，【限制】为【连续】，【容差】值设置为50%，勾选【保护前景色】复选框，如图78所示。

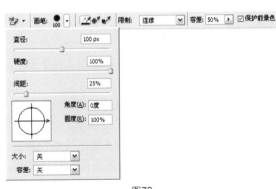

图78

14 按第9~10步的方法，在残留的背景上拖曳鼠标，将背景中残留的背景色擦掉。需要注意的是，如果设置的背景色值范围过大，在处理人物轮廓边缘时要仔细操作，否则会擦掉人物，如图79所示。

图79

2.5.2 高级技巧：单色背景上的照片效果及清除方法

【背景橡皮擦工具】在擦除背景的过程中，背景色比较复杂的照片需要多次修改选项栏中的各项属性设置，才能得到比较满意的效果。将抠图完成的照片放在单色背景上，可能会发现图像背景还存在一些残留区域。以上述照片合成效果的PSD文件为例，将【图层】面板中的"花"所在的图层隐藏，可以看到人物轮廓依然残留着一些背景，如图80所示，可以尝试使用【多边形套索工具】进一步处理。

图80

操作步骤

01 选择工具箱中的【多边形套索工具】，如图81所示。

02 在画面中单击并拖曳鼠标创建选区，选中需要去除的区域，如图82所示。

03 在【图层】面板中选择人物所在的图层，按【Delete】键清除该图层选区中的图像，如图83所示。

图81

图82

图83

04 按快捷键【Ctrl+D】取消选区,然后在【图层】面板中显示出"花"图案,得到更为完美的合成效果,如图84所示。

图84

2.6 精确的路径抠图方法——钢笔工具

如果需要抠图的照片有清晰的轮廓,无论主图与背景的色差如何,都可以使用【钢笔工具】精确勾勒出图像的轮廓,再将路径转换为选区,处理前及处理后的效果如图85所示(● "Chap02/2_19.jpg"、● "Chap02/2_20.psd")。

处理前

处理后

图85

使用【钢笔工具】可以建立锚点，并通过对路径进行编辑，自由绘制直线或曲线。由于【钢笔工具】创建出的路径可以很方便地进行调整和修饰，所以能够精确地创建选区。这种方法的缺点是选取出的图像边缘较"生硬"，通常会配合一定数值的羽化效果使用。【钢笔工具】的选项栏如图86所示。

图86

【钢笔工具】包括3种绘制模式，由选项栏上的按钮组□□□控制，它们分别是：

● 【形状图层】□：用于创建形状图层。按下该按钮，绘制的图形以蒙版的形式出现在【图层】面板中，同时在【路径】面板中以剪贴路径的形式存在。

● 【路径】□：用于创建工作路径。按下该按钮，绘制的图形在【路径】面板中以工作路径的形式存在，【图层】面板上没有任何变化。

● 【填充像素】□：用于区域填充。按下该按钮，仅在绘制的区域以前景色填充，【图层】面板和【路径】面板没有任何变化。

在使用【钢笔工具】对数码照片进行抠图处理时，多使用【路径】按钮□进行绘制。

2.6.1　钢笔工具的抠图流程

使用【钢笔工具】□在要选取的人物轮廓上单击鼠标左键，建立初始锚点。然后沿人物轮廓单击鼠标，创建多个锚点。最后将鼠标指针放置在与第一个锚点重合的位置上，单击鼠标闭合路径。放大图像局部，使用【转换点工具】□调整锚点的方向点，使路径尽量精确地与人物轮廓相符。也可以使用【添加锚点工具】□增加锚点，或使用【删除锚点工具】□减少锚点。最后，将调整完成的路径转换为选区，执行菜单【选择】→【羽化】命令羽化选区，完成选取过程。

操作步骤

01 打开附书光盘中的数码照片素材 "Chap02/2_19.jpg"，如图87所示。

图87

02 选择工具箱中的【钢笔工具】✒，如图88所示，并在选项栏中单击【路径】按钮▨，如图89所示。

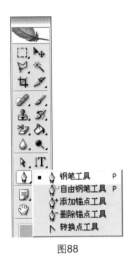

图88　　　　　　图89

03 在要选取的人物轮廓上单击鼠标左键，建立第一个锚点，如图90所示。

图90

04 沿人物轮廓单击鼠标建立多个锚点，最后回到与第一个锚点重合的位置。这时，鼠标指针变为✑。形状，单击鼠标闭合路径，如图91所示。

图91

05 选择工具箱中的【缩放工具】🔍，在工作区中单击鼠标或按快捷键【Ctrl+ +】放大画面的局部，如图92所示。

图92

06 选择工具箱中的【钢笔工具】✒，按住【Ctrl】键，同时用鼠标单击路径中要修整的锚点位置，使该锚点激活变为实心点，如图93所示。

07 按住【Alt】键，将鼠标指针移动到锚点上方，鼠标指针变为▷标志。在锚点上按住并拖动鼠标，使锚点两侧出现方向线，同时，路径也形成一定弧度，如图94所示。

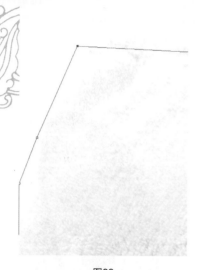

图93

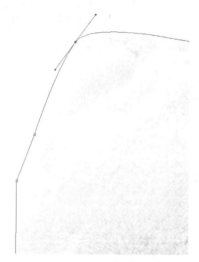

图94

08 按住【Alt】键，将鼠标指针置于方向点之上，鼠标指针变为▷标志。分别调整两个方向点的位置，改变路径弧度，如图95所示。

09 按住空格键，鼠标指针变为🖐标志，在工作区中拖曳鼠标，移动画面到下一个锚点，如图96所示。

图95

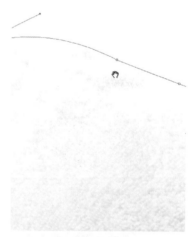

图96

10 按住【Ctrl】键，同时用鼠标单击路径中下一个要修整的锚点位置，使该锚点激活变为实心点，参照第7～8步的操作调整锚点方向点的位置，如图97所示。

11 移动工作区画面到下一个锚点，按住【Ctrl】键，用鼠标左键选择锚点，并拖曳到符合人物轮廓的位置，如图中红色箭头所标。参照第7～8步的操作调整锚点方向点的位置，如图98所示。

图97

图98

12 移动工作区画面到下一个需要调整的位置，这里需要添加一个锚点。将鼠标移动到路径上，光标变为 ♠ 状态，在路径上单击鼠标左键，即可添加一个锚点。如果要删除锚点，将鼠标移动到要删除的锚点上，光标变为 ♠ 状态，在要删除的锚点上单击鼠标左键，即可删除锚点，如图99所示。

13 参照第11步的方法将新添加的锚点移动到适当的位置并调整方向点，如图100所示。

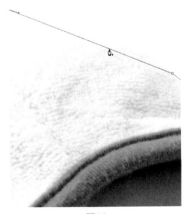

图99

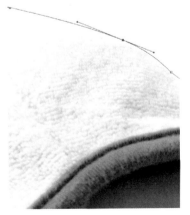

图100

14 参照第7~13步的方法，修整路径的所有锚点，最后得到人物轮廓的完整路径，如图101所示。

15 打开【路径】面板，单击【路径】面板下方的【将路径作为选区载入】按钮 ◯ ，得到人物的选区，如图102所示。

图101

图102

16 按快捷键【Ctrl+C】将选中的图像复制到剪贴板，如图103所示。

17 打开附书光盘中预先制作完成的模板 "Chap02/2_21.psd"，如图104所示。

图103

图104

18 按快捷键【Ctrl+V】将复制的图像粘贴到模板中，如图105所示。

19 执行菜单【编辑】→【自由变换】命令，或按快捷键【Ctrl+T】调出自由变换框，拖动控制点调整图像的大小。选择工具箱中的【移动工具】，将调整好大小的图像移动到适当的位置，完成最终的合成效果，如图106所示。

图105

图106

2.6.2　高级技巧：羽化和蒙版修饰

使用【钢笔工具】勾勒出的人物轮廓较为生硬，为了改善画面效果，将路径转换为选区后，为选区做一次羽化处理，使人物与背景更好地融合。另外此案例中的人物肩部存在缺损，可以利用图层蒙版进行虚化处理。

操作步骤

01 在将人物图片粘贴到新背景中之前，即上述抠图操作的第15步后，可执行菜单【选择】→【羽化】命令。在弹出的【羽化选区】对话框中将【羽化半径】设置为40像素（每次羽化操作的具体数值要根据照片大小确定，照片大则羽化数值较高），如图107所示。

02 重复2.6.1节中第16～19步的操作，即可得到图中效果，此时人物轮廓较为柔和，如图108所示。

图108

图107

03 单击工具箱下方的【以快速蒙版模式编辑】按钮 ，切换到快速蒙版模式，如图109所示。

04 选择工具箱中的【渐变工具】，如图110所示。

图109

图110

05 按住【Shift】键，从人物的肩部向右拖动鼠标，创建水平渐变蒙版，如图111所示。

06 单击工具箱下方的【以标准模式编辑】按钮，回到标准编辑模式，如图112所示。这时，创建的快速蒙版将转换为选区。

图111

图112

07 执行菜单【图层】→【图层蒙版】→【显示选区】命令，将选区转换为图层蒙版，如图113所示。

08 此时【图层】面板中的人物图层上将显示蒙版标记，同时，人物的肩部与背景显示出更加自然的融合效果，如图114所示（附书光盘 "Chap02/2_22.psd"）。

图113

图114

2.7 快速毛发抠图——抽出滤镜

Photoshop提供了一种专用的抠图滤镜——【抽出】滤镜。【抽出】滤镜用于从背景中分离前景对象。即使对象的边缘细微、复杂，例如人物的头发或动物的皮毛，也无需太多的操作就可以将其从背景中分离出来，处理前及处理后的效果如图115所示（ ● "Chap02/2_23.jpg"、● "Chap02/2_24.psd"）。

图115

当抽出对象时，Photoshop将对象的背景涂抹为透明，对象边缘上的像素将去除源于背景的颜色像素，变成半透明效果，这样就可以和新背景混合而不会产生生硬的色晕。

【抽出】对话框如图116所示，在【抽出】对话框中有以下参数数值需要设置。

图116

● 【画笔大小】：通过输入数值或拖曳滑块来设置【边缘高光器工具】的宽度，也可以用来设置【橡皮擦工具】、【清除工具】和【边缘修饰工具】的宽度。

- 【高光】：在使用【边缘高光器工具】时，可在其下拉列表中为出现在对象周围的高光选取一种预置颜色选项，或选取【其他】为高光设置一种自定颜色。
- 【填充】：选取一种预置颜色选项，或选取【其他】为由【填充工具】覆盖的区域设置一种自定颜色。
- 【智能高光显示】：选中此项则高光显示定义精确的边缘。该选项将保持边缘上的高光，并应用宽度刚好覆盖住边缘的高光，与当前画笔的大小无关。如果使用"智能高光显示"标记靠近另一个边缘的对象边缘，并且冲突的边缘使高光脱离了对象边缘，请减小画笔的大小。如果对象边缘一侧的颜色平均分布，而另一侧却是高对比度分布，则将对象边缘保持在画笔区域内，但使画笔居中于平均分布的颜色上。
- 【带纹理的图像】：如果图像的前景或背景包含大量纹理，可选择此选项。
- 【平滑】：通过输入数值或拖曳滑块来增加或降低轮廓的平滑程度。通常为避免不需要的细节模糊处理，最好以0或一个较小的数值开头。如果抽出的结果中有明显的人为加工痕迹，可以增加【平滑】值再试一次。
- 【通道】：从【通道】下拉列表中选择【Alpha】通道，以便基于Alpha通道中保存的选区进行高光处理。Alpha通道应基于边缘边界的选区。如果修改了基于通道的高光，则菜单中的通道名称将更改为【自定】。要使【通道】选项可用，图像必须有Alpha通道。
- 【强制前景】：在高光显示区域内抽出与强制前景色颜色相似的区域。如果对象非常复杂或者缺少清晰的内部，则需要选择此选项。

2.7.1　抽出滤镜的抠图流程

　　打开要抠图的图像文件，执行菜单【滤镜】→【抽出】命令，打开【抽出】对话框。根据图片特征设置工具属性。用【边缘高光器工具】 ∥ 描绘要提取的人物轮廓，用【填充工具】 △ 填充人物轮廓内包含的区域，然后单击【确定】按钮完成抠图处理。

操作步骤

01 打开附书光盘中的数码照片◉ "Chap02/2_23.jpg"，如图117所示。

图117

02 执行菜单【滤镜】→【抽出】命令，如图118所示，打开【抽出】对话框。

滤镜 (T)	
上次滤镜操作(F)	Ctrl+F
抽出(X)...	Alt+Ctrl+X
滤镜库(G)...	
液化(L)...	Shift+Ctrl+X
图案生成器(P)...	Alt+Shift+Ctrl+X
消失点(V)...	Alt+Ctrl+V
像素化	▶
扭曲	▶
杂色	▶
模糊	▶
渲染	▶
画笔描边	▶
素描	▶
纹理	▶
艺术效果	▶
视频	▶
锐化	▶
风格化	▶
其它	▶
Digimarc	▶

图118

03 在【抽出】对话框中将【画笔大小】设置为30，【平滑】设置为2，如图119所示。

图119

04 按快捷键【Ctrl+Alt+ +】将照片放大显示，如图120所示。

图120

05 选择【边缘高光器工具】，沿人物轮廓进行绘制，遇到发丝多的区域要将发丝都描绘进来，如图121所示。

图121

06 按住空格键，鼠标指针变为状态，按住并拖动鼠标移动画面，以显示窗口中的其他区域，如图122所示。

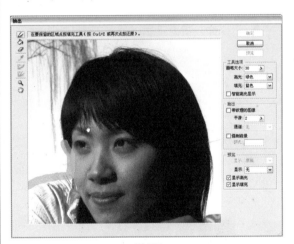

图122

提 示

在绘制轮廓线时，如果出现误操作或者效果不满意的情况，可以按快捷键【Ctrl+Z】返回上一步的操作状态；也可以使用【橡皮擦工具】擦除错误绘制的轮廓线。按住【Alt】键，【取消】按钮将临时转换为【复位】按钮，单击该按钮可以恢复到初始状态，以便于重新绘制轮廓线。

07 重复第5～6步的操作，描绘出整个人物轮廓，如图123所示。

08 按住快捷键【Ctrl+Alt+ -】将画面缩小显示，如图124所示。

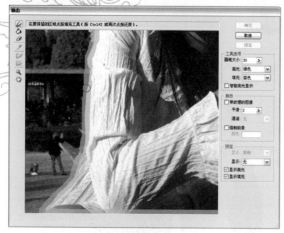

图123

图124

技　巧

如果图像周围存在多余的区域，可选择【清除工具】 ，在多余的图像上涂抹，将它们去除；如果存在遗漏的区域，则选择【清除工具】 ，并按住【Alt】键进行涂抹，涂抹区域将添加到当前图像中。

09 选择【填充工具】 ，在人物轮廓内单击鼠标，填充抽出区域，如图125所示。

10 单击【确定】按钮，得到抠图后的效果，如图126所示。按快捷键【Ctrl+A】全选画面，再按快捷键【Ctrl+C】将去掉背景的人物画面复制到剪贴板。

图125

图126

11 打开附书光盘中预先制作好的模板文件 "Chap02/2_25.psd"，如图127所示。

12 按快捷键【Ctrl+V】将复制的图像粘贴到模板中，如图128所示。

图127

图128

13 执行菜单【编辑】→【自由变换】命令，或按快捷键【Ctrl+T】调出自由变换框，拖动控制点调整图像的大小。选择工具箱中的【移动工具】，再将调整好的图像移动到适当的位置，完成最终的合成效果，如图129所示。

图129

2.7.2 高级技巧：更好地使用抽出功能

用【抽出】滤镜抠图虽然可以抽取人物头发这样的细节，但是并不完美。如果人物轮廓边缘与背景色近似，或人物衣物上带有纹理，抠图的效果就会打折扣。遇到这种情况，可以尝试调整【抽出】选项面板中的各项参数或使用【套索工具】进行修整。

检查【抽出】滤镜的抠图效果

01 在上述【抽出】滤镜抠图方法中的第10步人物抠图完成后，在【图层】面板中新建"图层2"，并将其拖曳到照片图层下方，如图130所示。

02 单击工具箱下方的【设置前景色】图标，在弹出的【拾色器】对话框中，设置前景色值为（R：255，G：0，B：0），如图131所示。

图130

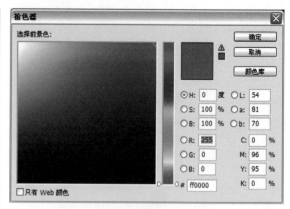

图131

03 按快捷键【Alt+Delete】，用前景色填充"图层2"。此时，可以明显看到人物轮廓的缺损部分，如图132所示。

图132

调整【抽出】面板中的各项参数

01 减小画笔直径可以使抽取的图像边缘更精确，将【画笔大小】设置为15，将【平滑】设置为6，如图133所示。

02 由于画笔变小，需要将图像放大显示才能准确地描绘人物轮廓，如图134所示。

图133

图134

03 参考上述【抽出】滤镜抠图方法中的步骤5~9，描绘人物的边缘，并填充要保留的人物区域，如图135所示。

图135

04 按照前面所介绍的方法填充背景。这样，就可以对比重新抽取的图像效果和第一次抽取的图像效果，如图136所示。

重新抽取的图像效果　　　第一次抽取的图像效果

图136

进一步修饰

01 按快捷键【Ctrl+Alt+ +】，放大依然有缺损的人物肩部，如图137所示。

02 选择工具箱中的【多边形套索工具】，在选项栏中将【羽化半径】设置为2，沿人物轮廓选中要删除的局部图像，如图138所示。

图137

图138

03 按【Delete】键删除选中的图像，再按快捷键【Ctrl+D】取消选区，如图139所示。

04 用同样的方法处理人物画面右下角的手臂部分，如图140所示。

图139

图140

05 修整后的人物效果如图141所示。

06 将人物置入新的背景图后的最终合成效果如图142所示。

图141

图142

2.8 透明婚纱的最佳抠图方法——Alpha通道

一张普通RGB色彩模式的数码照片，在Photoshop的【通道】面板中有3个单色通道（红色、绿色和蓝色）和一个用于编辑图像的复合通道（RGB通道）。通过对通道中图像的处理，可以得到精确描绘人物轮廓并保留衣物透明度的Alpha通道，处理前及处理后的效果如图143所示（ ● "Chap02/2_26.jpg"、 ● "Chap02/2_27.psd"）。

Alpha通道与选区可以相互转换，最后达到抠图的效果。相对于以上介绍的各种方法，Alpha通道法操作较为复杂，且抠图过程不够直观，一般与其他抠图方法配合使用。

图143

2.8.1 Alpha通道的抠图流程

从【通道】面板的"红"、"绿"、"蓝"颜色通道中选择要抠图的人物与背景对比最明显的通道，将其复制为副本，调整对比度、色阶或使用反相功能，使通道内的灰度图像边缘清晰。调整的目标是将背景色调为纯黑色，要抠图的部分调为白色。将调整完成的通道转换为选区，或将通道应用为照片的图层蒙版，即可完成透明婚纱的抠图。

2.8.2 准备工作：利用其他抠图方法处理人物头发及身体

操作步骤

01 打开要进行抠图处理的婚纱照片"Chap02/2_26.jpg"，如图144所示。

02 打开【图层】面板，将"背景"图层拖曳到面板下方的【创建新图层】按钮上，创建背景图层副本，如图145所示。

图144

图145

03 执行菜单【滤镜】→【抽出】命令，如图146所示，打开【抽出】对话框。

04 参考本章第2.7节所述【抽出】滤镜的操作方法，将【画笔大小】设置为40，【平滑】设置为3，使用【边缘高光器工具】绘制出人物头部的轮廓并进行填充，如图147所示。

图146

图147

05 单击【确定】按钮，完成人物头部的抠图操作。在【图层】面板中隐藏"背景"图层，可查看到人物头部的抠图效果，如图148所示。

06 在【图层】面板中隐藏"背景副本"图层，显示并选中"背景"图层。选择工具箱中的【缩放工具】，在工作区单击鼠标放大显示图像，如图149所示。

图148

图149

07 选择工具箱中的【磁性套索工具】，参照本章2.4节所述的【磁性套索工具】抠图方法，设置【羽化】值为2像素，用鼠标沿人物轮廓选中身体部分，如图150所示。

08 按快捷键【Ctrl+C】将选中的身体部分复制到剪贴板，新建"图层1"，按快捷键【Ctrl+V】将它粘贴到"图层1"中。隐藏"背景"图层，显示"背景副本"和"图层1"，可查看抠图效果，如图151所示。

图150

图151

2.8.3　Alpha通道抠图处理

通过前面的操作已经完成头发和身体部分的抠图，在【图层】面板中隐藏"背景副本"和"图层1"图层，选择"背景"图层，进一步处理婚纱部分的抠图。

操作步骤

01 执行菜单【窗口】→【通道】命令，打开【通道】面板，如图152所示。

02 分别用鼠标单击"红"、"绿"、"蓝"3个通道，在画面中显示3个通道的效果。经过对比，选择人物与背景对比最明显的"蓝"通道，如图153所示。

图152

图153

03 将"蓝"通道拖曳到面板下方的【创建新通道】按钮 上，新建一个"蓝副本"通道，如图154所示。

04 执行菜单【图像】→【调整】→【色阶】命令，如图155所示，或按快捷键【Ctrl+L】打开【色阶】对话框。

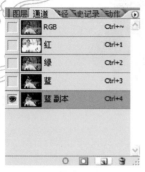

图154

图155

05 弹出的【色阶】对话框如图156所示。

06 在【色阶】对话框中单击【设置黑场】按钮，在人物背景上单击鼠标取样，将背景指定为"黑场"。按下【设置白场】按钮，在人物婚纱上单击鼠标取样，将婚纱设置为"白场"。设置完成后，单击【确定】按钮。

图156

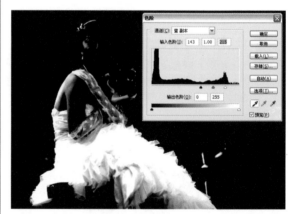

图157

07 选择工具箱中的【画笔工具】，如图158所示。

08 在选项栏中将画笔设置为"柔角100"，如图159所示。

图158

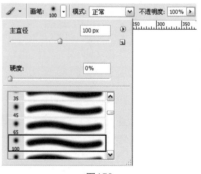

图159

09 单击工具箱下方的【设置前景色】图标，在弹出的【拾色器】对话框中将前景色设置为黑色，如图160所示。

10 用鼠标单击或涂抹婚纱外的杂色，使婚纱之外的区域都填充为黑色，如图161所示。靠近婚纱的位置需要小心涂抹，操作过程中，可以按快捷键【Ctrl+Alt+ +】将图像放大进行涂抹。

图160

图161

11 参照第9步，将前景色设置为白色，并用鼠标单击或涂抹婚纱内不需要透明的区域，处理婚纱边缘的透明度时，可以修改画笔的大小和透明度，以便将婚纱细节描绘得更好，如图162所示。

12 在【通道】面板中选择"蓝副本"通道，用鼠标单击面板下方的【将通道作为选区载入】按钮，从通道载入选区。然后选择 "RGB"复合通道显示整个图像，如图163所示。

图162

图163

13 按快捷键【Ctrl+C】将婚纱图像复制到剪贴板，按快捷键【Ctrl+V】将其粘贴到"图层2"中。在【图层】面板中显示"图层1"、"图层2"和"背景副本"图层，同时隐藏"背景"图层，查看最后的抠图效果，如图164所示。

14 按快捷键【Ctrl+A】选中整个图像，再按快捷键【Ctrl+Shift+C】，将当前显示的图像合并复制到剪贴板，如图165所示。

图164

图165

15 打开附书光盘中预先制作好的模板
⊙"Chap02/2_28.psd",如图166所示。

16 按快捷键【Ctrl+V】将复制的图像粘贴到
模板中,如图167所示。

图166

图167

17 执行菜单【编辑】→【自由变换】命令,
或按快捷键【Ctrl+T】调出自由变换框,
拖动控制点调整图像的大小。选择工具箱
中的【移动工具】,将调整好的图像移动
到适当的位置,完成最终的合成效果,如
图168所示。

图168

2.8.4 高级技巧：婚纱校色

在前面的范例中，人物的婚纱中存在一些红色，但由于模板的背景画面也是红色系的，所以不需要对婚纱校色也能够很好地融合在一起。如果此照片应用到其他色系的背景上，融合效果就会变差。因此需要对婚纱进行校色，处理前及处理后的效果如图169所示（ "Chap02/2_29.psd"、 "Chap02/2_30.psd"）。

处理前　　　　　　　　　　　　　　　处理后

图169

操作步骤

01 在第2.8.3节中，把人物分为3部分：头部、身体和婚纱，需要处理的是婚纱图层。在【图层】面板中，选中婚纱所在的"图层2"，如图170所示。

02 单击【图层】面板下方的【创建新的填充或调整图层】按钮，在弹出的菜单中选择【色相/饱和度】命令，如图171所示。

图170

图171

03 在弹出的对话框中，从【编辑】下拉列表中选择【红色】，如图172所示。

04 设置【明度】值为100%，可以看到婚纱图像中的红色被去掉了，如图173所示。按快捷键【Ctrl+A】全选图像，按【Ctrl+Shift+C】将所有图层合并复制到剪贴板。

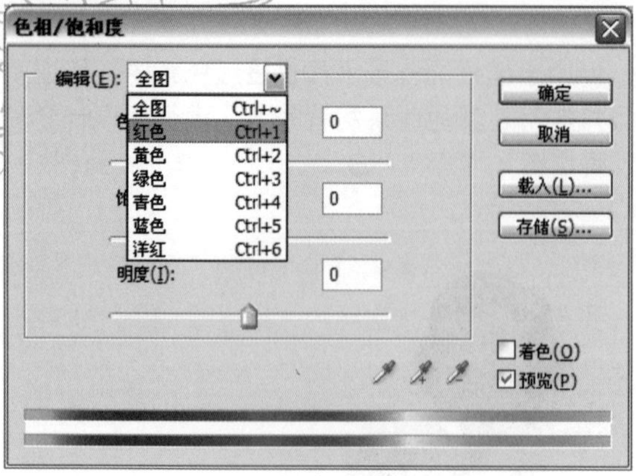

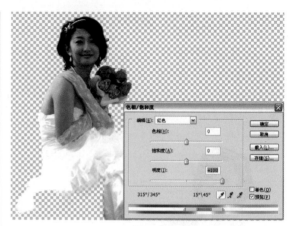

图172

图173

05 打开附书光盘中预先制作好的模板 "Chap02/2_31.psd"，如图174所示。

06 按快捷键【Ctrl+V】将复制的图像粘贴到模板上，如图175所示。

图174

图175

07 执行菜单【编辑】→【自由变换】命令，或按快捷键【Ctrl+T】调出自由变换框，拖动控制点调整图像的大小。选择工具箱中的【移动工具】，将调整好的图像移动到适当的位置，完成最终的合成效果，如图176所示。

图176

Photoshop 中文版

数码照片修饰技巧与创意宝典

第3章 图像的合成技巧

在数码照片的艺术合成中，并非所有的照片都必须进行抠图处理。以图层混合模式、蒙版应用、透明度调整等方式恰当地处理图像，不但省时省力，还能表现出更细腻的艺术效果。将这些方法与抠图处理相结合，可以使艺术合成更加多样化。

本书的附书光盘中提供了大量的数码照片艺术合成模板，本章将为读者介绍4种基本的图像合成方法：图层混合模式、剪贴蒙版、图层蒙版和图层透明度。

3.1　快捷合成技法——图层混合模式

　　Photoshop的图层并不只是将图片一层层地简单叠加，它可以设置每个图层的属性，并以不同的方式与其他图层相混合，如图1所示。因此，图层中的图像并不一定要去除背景才能相互融合。将多张图片重叠在一起，只要正确设置图层的混合模式，上面的图层就不会完全遮住下面的图层，而会以各种不同的混合方式与下面的图层相融合。单击【图层】面板上的混合模式右侧的三角按钮，从下拉列表中可以选择需要的图层混合模式，如图2所示。

图1

图2

3.1.1　了解图层混合模式

　　默认情况下，图层的混合模式是【正常】，这表示该图层的像素不与下面图层的像素混合。图层的混合模式就是将此图层中的像素与下一图层像素以各种模式进行混合，从而创建出各种特殊效果。图层混合类似于摄影上常常用到的"重复曝光"，重复曝光可以将两张以上的图像结合在一起，而Photoshop的图层混合功能比重复曝光更简单且易于操作。通常，下层图像是色彩及画面相对比较单纯的图层，取得的合成效果会比较好。图层混合模式有以下一些类型。

- 【正常】：编辑或绘制每个像素，使其成为结果色。这是Photoshop中的默认模式，【正常】混合模式下的图像效果如图3所示。
- 【溶解】：编辑或绘制每个像素，使其成为结果色。但是，根据任何像素位置的不透明度，结果色由基色或混合色的像素随机替换，【溶解】模式下的混合效果如图4所示。
- 【变暗】：查看每个通道中的颜色信息，并选择基色或混合色中较暗的颜色作为结果色。将替换比混合色亮的像素，而比混合色暗的像素保持不变，【变暗】模式下的图像效果如图5所示。

图3

图4

图5

- 【正片叠底】：查看每个通道中的颜色信息，并将基色与混合色复合。结果色总是较暗的颜色。任何颜色与黑色复合产生黑色，任何颜色与白色复合保持不变。当用黑色或白色以外的颜色绘画时，绘画工具绘制的连续描边产生逐渐变暗的颜色。这与使用多个标记笔在图像上绘图的效果相似。【正片叠底】模式下的图像效果如图6所示。
- 【颜色加深】：查看每个通道中的颜色信息，并通过增加对比度使基色变暗以反映混合色。与白色混合后不产生变化，【颜色加深】模式下的图像效果如图7所示。
- 【线性加深】：查看每个通道中的颜色信息，并通过减小亮度使基色变暗以反映混合色。与白色混合后不产生变化，【线性加深】模式下的图像效果如图8所示。

图6

图7

图8

- 【变亮】：查看每个通道中的颜色信息，并选择基色或混合色中较亮的颜色作为结果色。比混合色暗的像素被替换，比混合色亮的像素保持不变，【变亮】模式下的图像效果如图9所示。
- 【滤色】：查看每个通道中的颜色信息，并将混合色的互补色与基色复合。结果色总是较亮的颜色。用黑色过滤时颜色保持不变，用白色过滤将产生白色。此效果类似于多个摄影幻灯片重叠后的投影，【滤色】模式下的图像效果如图10所示。
- 【颜色减淡】：查看每个通道中的颜色信息，并通过减小对比度使基色变亮以反映混合色。与黑色混合则不发生变化，【颜色减淡】模式下的图像效果如图11所示。

图9

图10

图11

- 【线性减淡】：查看每个通道中的颜色信息，并通过增加亮度使基色变亮以反映混合色。与黑色混合则不发生变化，【线性减淡】模式下的图像效果如图12所示。
- 【叠加】：复合或过滤颜色，具体取决于基色。图案或颜色在现有像素上叠加，同时保留基色的明暗对比。不替换基色，但基色与混合色相混合以反映原色的亮度或暗度，【叠加】模式下的图像效果如图13所示。

● 【柔光】：使颜色变暗或变亮，具体取决于混合色。此效果与发散的聚光灯照在图像上相似。如果混合色（光源）比50%灰色亮，则图像变亮，就像被减淡了一样。如果混合色（光源）比50%灰色暗，则图像变暗，就像被加深了一样。用纯黑色或纯白色绘画会产生明显较暗或较亮的区域，但不会产生纯黑色或纯白色，【柔光】模式下的图像效果如图14所示。

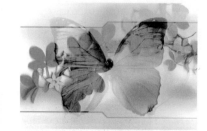
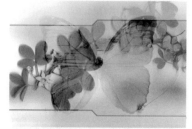

图12   图13   图14

● 【强光】：复合或过滤颜色，具体取决于混合色。此效果与耀眼的聚光灯照在图像上相似。如果混合色（光源）比50%灰色亮，则图像变亮，就像过滤后的效果。这对于向图像添加高光非常有用。如果混合色（光源）比50%灰色暗，则图像变暗，就像复合后的效果。这对于为图像添加阴影非常有用。用纯黑色或纯白色绘画会产生纯黑色或纯白色，【强光】模式下的图像效果如图15所示。

● 【亮光】：通过增加或减小对比度来加深或减淡颜色，具体取决于混合色。如果混合色（光源）比50%灰色亮，则通过减小对比度使图像变亮。如果混合色比50%灰色暗，则通过增加对比度使图像变暗，【亮光】模式下的图像效果如图16所示。

● 【线性光】：通过减小或增加亮度来加深或减淡颜色，具体取决于混合色。如果混合色（光源）比50%灰色亮，则通过增加亮度使图像变亮。如果混合色比50%灰色暗，则通过减小亮度使图像变暗，【线性光】模式下的图像效果如图17所示。

图15   图16   图17

● 【点光】：根据混合色替换颜色。如果混合色（光源）比50%灰色亮，则替换比混合色暗的像素，而不改变比混合色亮的像素。如果混合色比50%灰色暗，则替换比混合色亮的像素，而比混合色暗的像素保持不变。这对于为图像添加特殊效果非常有用，【点光】模式下的图像效果如图18所示。

● 【实色混合】：查看每个通道中的颜色信息，根据混合色替换颜色。如果混合色比50%灰色亮，则替换比混合色暗的像素为白色；如果混合色比50%灰色暗，则替换比混合色亮的像素为黑色，【实色混合】模式下的图像效果如图19所示。

- 【差值】：查看每个通道中的颜色信息，并从基色中减去混合色，或从混合色中减去基色，具体取决于哪一个颜色的亮度值更大。与白色混合将反转基色值；与黑色混合则不产生变化，【差值】模式下的图像效果如图20所示。

图18

图19

图20

- 【排除】：创建一种与【差值】模式相似但对比度更低的效果。与白色混合将反转基色值。与黑色混合则不发生变化，【排除】模式下的图像效果如图21所示。
- 【色相】：用基色的亮度和饱和度以及混合色的色相创建结果色，【色相】模式下的图像效果如图22所示。
- 【饱和度】：用基色的亮度和色相以及混合色的饱和度创建结果色。在无（0）饱和度（灰色）的区域上用此模式绘画不会产生变化，【饱和度】模式下的图像效果如图23所示。

图21

图22

图23

- 【颜色】：用基色的亮度以及混合色的色相和饱和度创建结果色。这样可以保留图像中的灰阶，并且对于给单色图像上色和为彩色图像着色都会非常有用，【颜色】模式下的图像效果如图24所示。
- 【亮度】：用基色的色相和饱和度以及混合色的亮度创建结果色。此模式可创建与【颜色】模式相反的效果，【亮度】模式下的图像效果如图25所示。

图24

图25

3.1.2 全图混合改变色调

全图混合通常用于改变画面的整体色调，并且可以在背景中添加一些图案和线条。在本例中将要把照片制作成模板的背景图，并将背景更换为浪漫的玫瑰色调，同时减淡画面效果。在操作时，将照片图层置于背景图层上方，在【图层】面板上为其指定混合模式即可。为了得到较好的混合效果，可以多尝试几种混合模式。处理前及处理后的效果如图26所示（ ● "Chap03/3_01.jpg"、 ● "Chap03/3_02.psd"）。

图26

操作步骤

01 打开附书光盘中的照片文件● "Chap03/3_01.jpg"，如图27所示。按快捷键【Ctrl+A】选中整个图像，再按快捷键【Ctrl+C】将它复制到剪贴板。

02 打开附书光盘中的背景图像文件● "Chap03/3_03.jpg"，如图28所示。

图27

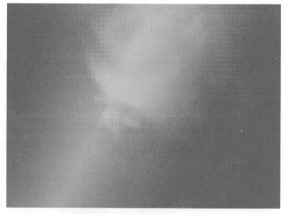

图28

03 按快捷键【Ctrl+V】，将复制的照片粘贴到背景素材上，如图29所示。

04 按快捷键【Ctrl+T】调出自由变换框，拖动控制点将照片调整到适当大小，然后使用【移动工具】将其拖曳到适当的位置，如图30所示。

图29

图30

05 在【图层】面板的混合模式列表中，将照片所在图层的混合模式设置为【柔光】，即可得到照片与背景的合成效果，如图31所示。

06 将混合模式设置为【亮度】也可得到很好的合成效果，如图32所示。

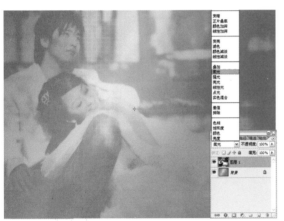

图31

图32

表3-1　用于设置混合模式的快捷键

混合模式	快捷键	混合模式	快捷键	混合模式	快捷键
正常	Shift+Alt+N	滤色	Shift+Alt+S	实色混合	Shift+Alt+L
溶解	Shift+Alt+I	颜色减淡	Shift+Alt+D	差值	Shift+Alt+E
背后（仅限【画笔工具】）	Shift+Alt+Q	线性减淡	Shift+Alt+W	排除	Shift+Alt+X
清除（仅限【画笔工具】）	Shift+Alt+R	叠加	Shift+Alt+O	色相	Shift+Alt+U
变暗	Shift+Alt+K	柔光	Shift+Alt+F	饱和度	Shift+Alt+T
正片叠底	Shift+Alt+M	强光	Shift+Alt+H	颜色	Shift+Alt+C
颜色加深	Shift+Alt+B	亮光	Shift+Alt+V	亮度	Shift+Alt+Y
线性加深	Shift+Alt+A	线性光	Shift+Alt+J		
变亮	Shift+Alt+G	点光	Shift+Alt+Z		

3.1.3 高级技巧：图层混合与橡皮擦工具的结合应用

在实际应用中，更多的图层混合模式用于两张照片之间的叠加和融合，并且需要对画面边缘进行修饰。下面介绍一种最为简单快捷的边缘处理方法——橡皮擦擦除法。使用大尺寸的硬度为0%的【橡皮擦工具】，可以在图像边缘涂抹出半透明的自然过渡效果，使图层自然融合。处理前及处理后的效果如图33所示（ ● "Chap03/3_04.jpg"、 ● "Chap03/3_05.psd"）。

处理前　　　　　　　　　　　　　　　　处理后

图33

操作步骤

01 打开附书光盘中的照片文件● "Chap03/3_06.jpg"，如图34所示。按快捷键【Ctrl+A】选中整个图像，再按快捷键【Ctrl+C】将它复制到剪贴板。

02 打开附书光盘中的背景图像文件 ● "Chap03/3_04.jpg"，如图35所示。

图34

图35

03 按快捷键【Ctrl+V】，将复制的照片粘贴到背景素材上，如图36所示。

04 按快捷键【Ctrl+T】调出自由变换框，拖动控制点将照片调整到适当大小，使用【移动工具】 ▶₊将其拖曳到适当的位置，如图37所示。

图36

图37

05 在【图层】面板的混合模式列表中将图层的混合模式设置为【线性光】，使照片与背景融合，如图38所示。

06 选择工具箱中的【橡皮擦工具】，在选项栏中设置大尺寸且硬度为0%的画笔，如图39所示。

图38

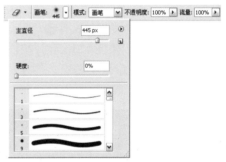

图39

07 用橡皮擦在图像边缘需要融合的区域进行涂抹，使两个图层自然融合，最终效果如图40所示。

图40

3.1.4 高级技巧：图层的多次混合应用

通过前面的范例可以看出，图层混合可以使上方的图层与下方的图层融合在一起。但是，有时图层混合后的底图会影响人物主体部分的画面效果。下面的范例将用图层的多次混合来解决这个问题，处理前及处理后的效果如图41所示（ ● "Chap03/3_07.jpg"、● "Chap03/3_08.psd" ）。

图41

操作步骤

01 打开附书光盘中的照片文件● "Chap03/3_07.jpg"，如图42所示。按快捷键【Ctrl+A】选中整个图像，再按快捷键【Ctrl+C】将其复制到剪贴板。

02 打开附书光盘中的背景图像文件● "Chap03/3_09.jpg"，如图43所示。

图42

图43

03 按快捷键【Ctrl+V】，将复制的照片粘贴到背景素材上，如图44所示。

04 按快捷键【Ctrl+T】调出自由变换框，拖动控制点将照片调整到适当大小，然后使用【移动工具】▶⊕将其拖曳到适当的位置，如图45所示。

图44

图45

05 在【图层】面板的混合模式列表中,将图层的混合模式设置为【变亮】,使照片与背景融合,如图46所示。

06 选择工具箱中的【橡皮擦工具】，在选项栏中设置大尺寸且硬度为0%的画笔,如图47所示。

图46

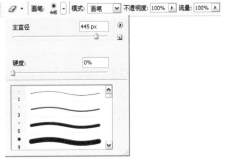

图47

07 用橡皮擦在画面上进行涂抹,擦除"图层1"中多余的背景部分,使两个图层自然融合,如图48所示。

08 将"图层1"拖曳到【图层】面板下方的【创建新图层】按钮上创建一个副本图层,如图49所示。

图48

图49

09 在【图层】面板中将"图层1副本"的混合模式设置为【正常】，如图50所示。

10 选择工具箱中的【橡皮擦工具】，用较大尺寸的柔和画笔擦除副本图层中不需要的区域，就可以得到原始照片、混合图层与背景图层相融合的效果，如图51所示。

图50

图51

3.2 嵌入合成技法——剪贴蒙版

剪贴蒙版常用来在指定的形状或者图案中嵌入照片。Photoshop的剪贴蒙版由两个图层组成，位于上方的是"内容图层"，位于下方的是"基底图层"。"基底图层"的像素将在剪贴蒙版中裁剪它上方的"内容图层"的画面（即显示出的图像）。可以在剪贴蒙版中使用多个图层，但它们必须是连续的图层。在【图层】面板中，蒙版中的"基底图层"名称下带有下划线，上层图层的缩览图是缩进的。下面将为读者介绍在照片合成中使用剪贴蒙版的方法，处理前及处理后的效果如图52所示（●"Chap03/3_10.jpg"、●"Chap03/3_11.psd"）。

图52

剪贴蒙版合成画面的流程

在背景画面中创建一个新图层，以【矩形选框工具】、【画笔工具】、【钢笔工具】或【自定形状工具】制作用于嵌入照片的形状区域，成为"基底图层"。将要合成的照片置于"基底图层"上方，按住【Alt】键将鼠标指针放在图层分隔线上，鼠标指针变为 ◉ 标记。单击鼠标即可建立剪贴蒙版，使照片嵌入形状区域。剪贴蒙版建立完成后，可以自由调整照片的大小和位置，而显示的范围不变。

操作步骤

01 打开附书光盘中的背景素材文件 ⬤ "Chap03/3_03.jpg"，如图53所示。

02 选择【工具箱】中的【自定形状工具】🖼，如图54所示，在选项栏中选择【形状】为【心形】❤，如图55所示。

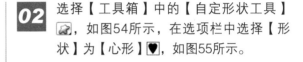

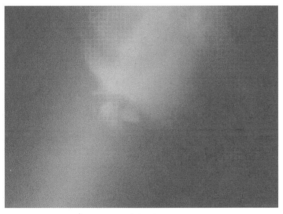

图53

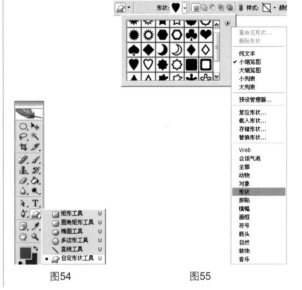

图54　　　　　　图55

03 在画面上按住并拖动鼠标，绘制出心形路径，如图56所示。

图56

04 在【图层】面板中的"形状1"图层上单击鼠标右键，在弹出的菜单中选择【栅格化图层】命令，将形状图层转换为普通图层，如图57所示。

05 将栅格化后的"形状1"图层拖曳到【图层】面板下的【创建新图层】按钮 上，创建"形状1副本"图层。再按快捷键【Ctrl+T】调出自由变换框，拖动控制点将心形图像缩小并旋转一定角度，移动到适当位置，如图58所示。

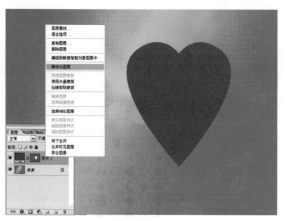

图57

图58

06 按住【Ctrl】键单击【图层】面板中"形状1副本"图层的缩览图，将第二个心形图案载入选区，如图59所示。

07 在【图层】面板中选择"形状1"图层，按【Delete】键删除选区内的图像，如图60所示。按快捷键【Ctrl+D】取消选区。

图59

图60

08 在【图层】面板中选择"形状1副本"图层。选择工具箱中的【移动工具】，按【→】和【↓】键，将其向右及向下各移动2个像素，如图61所示。

09 按快捷键【Ctrl+E】将两个心形图层合并为形状的"基底图层"，如图62所示。

图61

图62

10 打开附书光盘中的照片文件💿 "Chap03/3_10.jpg",如图63所示。

11 将照片复制并粘贴到先前制作的背景图层上,系统自动生成"图层1",如图64所示。

图63

图64

12 按住【Alt】键,将鼠标指针移动到照片所在"图层1"与基底图层"形状1"之间的分隔线上,鼠标指针变为🔲标记,如图65所示。

图65

13 单击鼠标，照片图层作为剪贴蒙版嵌入到先前制作的心形图案中，如图66所示。

14 在【图层】面板中选择照片所在的"图层1"，按快捷键【Ctrl+T】调出自由变换框，拖动控制点调整照片的大小，并将它移动到合适的位置，使人物在心形区域内显示出来，如图67所示。按【Enter】键确认操作，完成图像与背景"剪贴蒙版"的合成。

图66

图67

15 按住【Ctrl】键，在【图层】面板中单击"图层1"和"形状1"，将它们同时选中。然后单击面板右上角的 ▶ 按钮，在弹出菜单中选择【链接图层】命令，为照片和基底图层建立链接，如图68所示。

16 选择工具箱中的【移动工具】 ，将图像移动到画面中适当的位置，效果如图69所示（附书光盘中 "Chap03/3_12.psd"）。

图68

图69

提 示

制作完成后，可以为心形图案所在的图层添加图层样式，制作出更为丰富的画面效果。

3.3 自然合成技法——图层蒙版

图层蒙版就是在图层中添加的一个遮罩，通过这个遮罩遮掩图层中的部分图像，它不会影响到图像本身。为图层添加图层蒙版后，【通道】面板下方会出现一个名称为"蒙版"的通道，它的作用是便于编辑蒙版。图层蒙版常常用于制作图层与图层之间的混合效果。

3.3.1 了解图层蒙版

在【图层】面板中，蒙版显示为图层缩览图右侧的附加缩览图。使用图层蒙版进行图像的合成，图像本身不受损失，可以通过编辑蒙版修改合成效果。

图层蒙版是一种灰度图像，用黑色绘制的蒙版区域将被隐藏，用白色绘制的区域将被显示，而用灰度绘制的区域则会出现不同层次的透明度。可以使用选区、画笔、渐变、填充等方法绘制和修改蒙版，也可以使用现成的灰度图作为蒙版。

图层蒙版的建立方式有3种：

- 快速蒙版模式：在工具箱中单击【以快速蒙版模式编辑】按钮 ◻️；
- 建立好选区后，执行菜单【图层】→【图层蒙版】→【显示选区】（或【隐藏选区】）命令；
- 在【图层】面板中选中要进行蒙版编辑的图层，单击面板底部的【添加图层蒙版】按钮 ◻️。

3.3.2 图层蒙版的自然合成

在本例中，我们将照片置入背景模板，调整位置和大小后，为图层中的图像建立蒙版，使图像与模板自然融合，处理前及处理后的效果如图70所示（ ● "Chap03/3_13.jpg"、 ● "Chap03/3_14.jpg"、 ● "Chap03/3_15.psd"）。

图70

操作步骤

01 打开附书光盘中的照片文件🔘"Chap03/3_13.jpg"，如图71所示。按快捷键【Ctrl+A】选中整个图像，按快捷键【Ctrl+C】将它复制到剪贴板。

02 打开附书光盘中提供的背景素材文件🔘"Chap03/3_16.jpg"，如图72所示。

图71

图72

03 按快捷键【Ctrl+V】，将先前复制的图像粘贴到背景模板中，系统自动生成"图层1"，【图层】面板及图像效果如图73所示。

04 按快捷键【Ctrl+T】调出自由变换框，拖动控制点将图像调整到适当大小，然后拖曳到画面的适当位置，如图74所示。

图73

图74

05 单击工具箱下方的【以快速蒙版模式编辑】按钮 ，如图75所示，切换到快速蒙版模式。按【D】键，重置前景色和背景色，使前景色为黑色，背景色为白色，如图75所示。

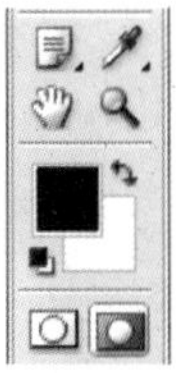

06 选择工具箱中的【渐变工具】，如图76所示。在选项栏中将渐变颜色设置为【前景到背景】的渐变，模式设置为【线性渐变】，如图77所示。

图75　　　　　图76 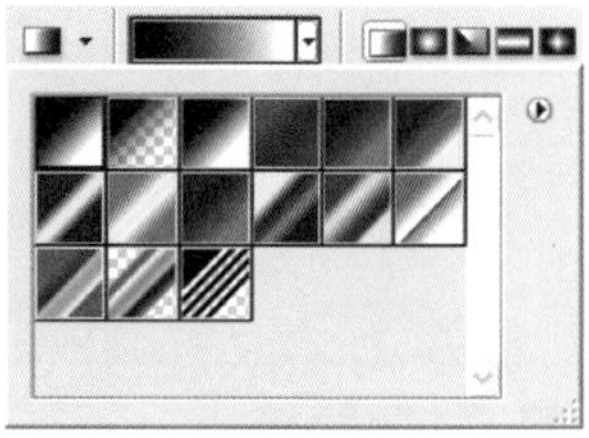　　　　　图77

07 在图像上按住并拖动鼠标，从左向右拖曳出一条渐变线，创建渐变蒙版，效果如图78所示。

08 单击工具箱下方的【以标准模式编辑】按钮，切换到标准编辑模式，将快速蒙版转换成选区，如图79所示。

图78

图79

09 执行菜单【图层】→【图层蒙版】→【显示选区】命令，如图80所示，将选区转换为图层蒙版。

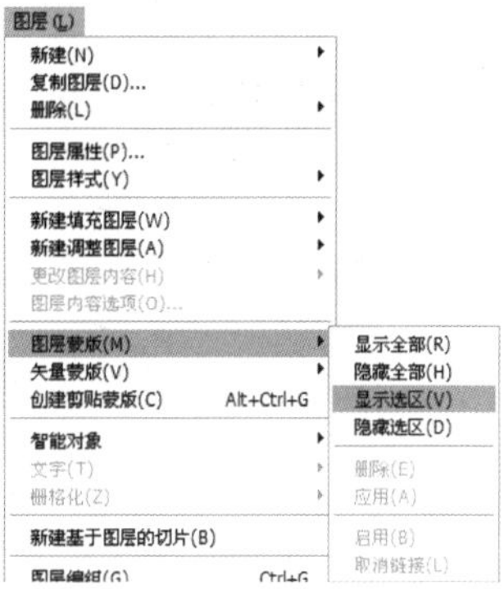

图80

10 此时，【图层】面板中的"图层1"缩览图后链接了一个图层蒙版的标记，显示为 。同时，图像与背景图像自然混合。蒙版中的黑色区域显示背景图像，白色区域显示图层中的图像，过渡区域则渐变融合，效果如图81所示。

11 打开附书光盘中的素材图片 "Chap03/3_14.jpg"，如图82所示。按快捷键【Ctrl+A】选中整个图像，按快捷键【Ctrl+C】将选中的照片复制到剪贴板。

图81

图82

12 切换到先前制作的图像文件，按快捷键【Ctrl+V】，将复制的图像粘贴到背景工作区中，系统生成"图层2"，如图83所示。

13 选择工具箱中的【魔棒工具】 ，如图84所示，在选项栏中将【容差】设置为10，取消选中【对所有图层取样】复选框，如图85所示。

图83

图84

图85

14 在【图层】面板中单击"图层2"前方的【指示图层可视性】按钮👁️，隐藏"图层2"。选择"背景"图层，用【魔棒工具】在左侧的花形图案上单击鼠标，选中花形区域，如图86所示。

15 在【图层】面板中选择"图层2"，并再次单击【指示图层可视性】按钮，将其显示出来，如图87所示。

图86

图87

16 执行菜单【图层】→【图层蒙版】→【显示选区】命令，将图像置入花形选区，如图88所示。

17 在【图层】面板中单击"图层2"的图层缩览图和蒙版缩览图之间的链接按钮，取消链接，并用鼠标单击选中图层缩览图，如图89所示。

图88

图89

18 按快捷键【Ctrl+T】调出自由变换框，拖动控制点将图像调整到适当大小，然后拖曳到蒙版显示区的适当位置，并按【Enter】键确认操作，如图90所示。

19 调整完成后，在【图层】面板中单击"图层2"图层缩览图和蒙版缩览图之间的空白处，重新建立图层与蒙版之间的链接，如图91所示。

图90

图91

3.3.3　高级技巧：修改和编辑图层蒙版

在图层中建立蒙版后，可以使用【画笔工具】在蒙版上进行涂抹，对它进一步编辑。用黑色涂抹的蒙版区域将显示下方图层的图像，而白色涂抹的区域则显示当前图层的图像。

操作步骤

01 在【图层】面板中选择需要编辑蒙版的图层，如图92所示。

02 打开【通道】面板，可以看到"图层1蒙版"处于隐藏状态，如图93所示。

图92

图93

03 选中"图层1蒙版"通道，并单击蒙版前方的【指示图层可视性】按钮▨，使蒙版显示出来，如图94所示。

04 选择工具箱中的【画笔工具】☑，在选项栏中将画笔【主直径】设置为300像素，【硬度】设置为0%，如图95所示。

图94

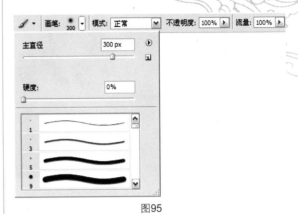

图95

05 用【画笔工具】在画面中涂抹修改图层蒙版，以黑色涂抹可以减少图像显示的区域。如果要使图像显示区域增加，可将前景色设置为白色进行涂抹，如图96所示。

06 在【通道】面板中单击"图层1蒙版"前的【指示图层可视性】按钮，将其隐藏，即可看到最终的画面效果，如图97所示。

图96

图97

3.3.4　高级技巧：渐变编辑法应用技巧

渐变编辑法常用于照片的自然融合，对于需要合成的分界区域没有特别的要求，处理前及处理后的效果如图98所示（ "Chap03/3_17.jpg"、 "Chap03/3_18.jpg、 "Chap03/3_19.psd"）。

图98

操作步骤

01 打开附书光盘中的照片素材文件 "Chap03/3_17.jpg" 和 "Chap03/3_18.jpg"，如图99所示。

02 选择工具箱中的【移动工具】，按住【Shift】键，将 "3_17.jpg" 拖曳到 "3_18.jpg" 中，如图100所示。

图99

图100

选择工具箱中的【移动工具】，按住【Shift】键将图像移动到另外一个图像文件中，可使两张图像的中心位置保持对齐。

03 单击【图层】面板下方的【添加图层蒙版】按钮，为"图层1"创建图层蒙版，如图101所示。

图101

04 选择工具箱中的【渐变工具】，按【D】键重置前景色和背景色。然后由右下角至左上角拖动鼠标，创建蒙版渐变，如图102所示。

图102

05 释放鼠标后，即可看到上下两个图层自然融合的效果，如图103所示。

图103

在用【渐变工具】创建蒙版时，使用较长的渐变行程，背景将逐渐过渡显示，如图104所示；使用较短的渐变行程，则只有渐变区域过渡显示，背景变得更加清晰，如图105所示。

图104 图105

3.3.5 高级技巧：画笔编辑法应用技巧

画笔编辑法常用于处理分界轮廓不规则的照片，以蒙版绘制的方式，使照片融合在一起，处理前及处理后的效果如图106所示（ ⬤ "Chap03/3_20.jpg"、⬤ "Chap03/3_21.jpg"、⬤ "Chap03/3_22.psd"）。

图106

操作步骤

01 打开附书光盘中的照片素材● "Chap03/3_20.jpg" 和● "Chap03/3_21.jpg"，如图107所示。

图107

02 选择工具箱中的【移动工具】▸┿，按住【Shift】键，将 "3_21.jpg" 拖曳到 "3_22.jpg" 中，如图108所示。

图108

03 单击【图层】面板下方的【添加图层蒙版】按钮 ◻，为 "图层1" 创建图层蒙版，如图109所示。

图109

04 选择工具箱中的【画笔工具】✐，按【D】键重置前景色和背景色，然后按【X】键交换前景色和背景色。以较大尺寸的柔和画笔在画面上进行涂抹，使背景显示出来，如图110所示。

05 将画笔设置为较小的尺寸，对融合区域的边缘细致编辑，完成图像的合成，效果如图111所示。在编辑过程中需要掌握的原则就是以白色涂抹显示当前图层的内容，以黑色涂抹显示下方图层的内容。

技　巧

　　在用【画笔工具】编辑蒙版时，使用柔和的画笔可以使边缘过渡自然，对于需要精确处理的边缘，则需要选择硬度为100%的小尺寸画笔绘制，如图111所示。

图110 图111

3.3.6 高级技巧：选区编辑法应用技巧

选区编辑法常用于处理分界明确、轮廓清晰的照片，处理前及处理后的效果如图112所示（ ◉ "Chap03/3_23.jpg"、◉ "Chap03/3_24.jpg"、◉ "Chap03/3_25.psd"）。

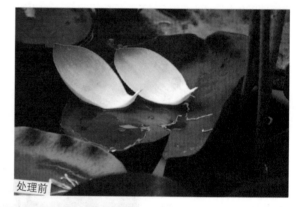

图112

操作步骤

01 打开附书光盘中的照片素材文件 ◉ "Chap03/3_23.jpg"和◉ "Chap03/ 3_24.jpg"，如图113所示。

02 选择工具箱中的【移动工具】 ，按 住【Shift】键，将"3_23.jpg"拖曳到 "3_24.jpg"中，如图114所示。

图113

图114

03 使用第2章所介绍的方法，为当前图层中需要显示的区域创建选区，如图115所示。

04 单击【图层】面板下方的【添加图层蒙版】按钮 ▣ ，选区中的区域将被保留，选区之外的区域则显示出下方图层的内容，如图116所示。

图115

图116

提　示

在实际操作中，为当前图层添加蒙版后，还可以使用【画笔工具】以涂抹的方式进一步处理画面中的细节。

3.4 画面融合技法——图层不透明度

图层的不透明度用于控制其下方图层的显示程度，图层的默认不透明度是100%。通过调整图像的显示透明度，可以使画面层次感更好。在【图层】面板中选中需要调整不透明度的图层，拖动面板上的【不透明度】滑块或输入数值，即可改变图层的不透明度，处理前及处理后的效果如图117所示（ ● "Chap03/3_26.psd、 ● "Chap03/3_27.psd）。

处理前 处理后

图117

操作步骤

01 打开附书光盘中提供的模板文件 "Chap03/3_26.psd"，如图118所示。

图118

02 在【图层】面板选中需要调整透明度的照片所在图层"图层1"，如图119所示。

图119

03 在【图层】面板的右上角【不透明度】文本框中，设置数值为60%，如图120所示。

图120

04 设置完成后，按【Enter】键确认，即可改变图层的不透明度，最终效果如图121所示。

图121

Photoshop 中文版

数码照片修饰技巧与创意宝典

　　文字是版式中的精美细节，可以美化整个版面。文字在数码照片艺术处理中，不但可以起到点题、抒发情感、寄托心愿的作用，也可以对整体画面进行装饰。文字以其特有的符号元素，表达视觉秩序，展现创意思想，传送信息观念。选择恰当的字体，并配以一定的效果处理，可以更好地烘托出画面的气氛。

　　在画面中添加文字时，最基本的选择因素是大小、位置的调整和字体的选择。进一步可以考虑对文字做一些变形处理，对文字的字型、笔画、结构等进行大胆变形，打散或重新构成。运用形象法、意象法、装饰法等手法大胆联想，以抽象或具象图形创建新的文字图形。如果想要与画面更好地融合，烘托出主题，就要借助一些效果处理。本章将针对数码照片设计，介绍对文字元素的处理方法和技巧，提高读者对文字设计的驾驭能力，在实际应用中自由发挥创意。

4.1 常见字体的应用

字体是设计中生动的元素符号，运用不同的字体，可以表现不同的设计特征，传达信息并取得良好的效果。

中文与英文都可以应用在数码照片的构图中。中文象形文字的特点可以很好地衬托画面，而英文线条流畅，可以为画面带来时尚感。中英文字的选用没有一定之规，完全根据画面效果来搭配。

4.1.1 中文字体的典型特征

汉字历史悠久，字体造型丰富。汉字起源于象形文字，主要有大篆、小篆、隶书、楷书、草书和经过简化的现代汉字。从艺术特征上看，大篆粗犷有力；小篆匀圆柔婉，风流飘逸；隶书端庄古雅；楷书工整、秀丽；行书险峭爽朗；草书活泼生动、潇洒自如。经过简化的现代汉字中，大宋字形方正，横细直粗，笔画起落转折明确，造型典雅工整；仿宋笔画粗细均匀，起收笔顿挫明显，风格挺拔秀丽；黑体笔画粗细相等，有装饰线脚、粗犷、醒目、朴素大方；变体字风格多样，千变万化，更富动感。图1列举了一些常见的中文字体以及它们的典型特征。

春风吹过

大宋简体：字形方正，造型典雅工整，适用范围广

春风吹过

超粗宋简体：宋体的一种，比大宋感觉更厚重

春风吹过

大黑简体：横竖笔画精细一致，方正端庄，朴素大方

春风吹过

长美黑简体：兼具黑体与宋体的一些特征，由于其本身字体偏"瘦"，给人感觉规矩中带些活泼

春风吹过

咪咪体：字形圆滑，风格活泼

春风吹过

琥珀体：字形圆滑，但有一定厚重感

春风吹过

隶书：平整美观，活泼中不失端庄，体现古典韵味

春风吹过

楷体：字体端正，笔画工整，挺拔秀丽

春风吹过

方篆体：笔画粗细一致，行笔圆转，典雅优美

春风吹过

花瓣体：字体优美，近似花瓣组成效果

图1

现代各字体公司出版的中文字库中都有不少优秀的字体，还有一些根据名人笔迹设计出的手写字体，如"静蕾体"等。在设计过程中可以根据画面特点多尝试一些字体，从中选出最适合画面的字体。

4.1.2 英文字体的典型特征

　　英文字体起源于拉丁文字，而拉丁文字起源于图画，字体演变分化经过了复杂的过程，才形成了今天各种不同风格的字体。拉丁文字形体简练、规范，便于认读和书写。从艺术特征上看，老罗马体笔画有粗细变化，字端有衬线和衬脚，字的高度和字段宽度有一定的比例关系；造型优美、和谐；现代罗马体粗细线条对比强烈，字脚线细直，具有理性、严肃之感；哥德体笔画造型别具风格，精致古雅；现代自由体横竖笔画粗细相同，无字脚，造型简洁有力；书法体具有书法的笔味和多姿的笔调，书写快捷，连笔比较轻松、自由、流畅。变体外文字以不同的装饰化、变异化、个性化以及形象化来表达不同的商品包装，具有独特的艺术魅力。如图2列举了一些常见的英文字体以及它们的典型特征。

I Believe I Can Fly

Times New Roman：最常用的一种英文正文字体

I Believe I Can Fly

Impact：笔画粗重，近似中文字体中的黑体

I BELIEVE I CAN FLY

Algerian：字体本身具有立体效果

I Believe I Can Fly

Edwardian Script：手写感觉的美化文字效果

I Believe I Can Fly

Giddyup Std：线条感的手写文字效果

I Believe I Can Fly

Forte：笔画圆润，字体优美，类似中文字体中的花瓣体

I Believe I Can Fly

Ravie：字体扁胖，比较俏皮的感觉

I Believe I Can Fly

Broadway：笔画横细竖粗，整体感觉比较厚重

I Believe I Can Fly

魏碑简：中文书法魏碑笔法描绘出的英文字体

I Believe I Can Fly

行楷：行楷字体匹配的英文字体

图2

4.2 特效文字的创意设计方法

　　特效文字是在基本印刷字体的基础上，根据文字内容重新创意字形、肌理，使其具有特殊意境以配合设计主题。创意需要找到变化规律，不能毫无依据地为了变化而变化，成功的特效文字创意应该能够体现其强烈的文化内涵。因此创意特效字体应根据整体设计主题及文字含义，运用丰富的想象力，灵活地重新组织字形、质感、空间形态等各方面的因素，强调字与意之间的变化与统一。

　　无论汉字还是拉丁文字，任何文字的形成、变化都无法脱离笔形、质感或维度，这三者是特效文字的创意源点，从这三个基本设计要素出发，可以明确构思特效文字的创意思路。

4.2.1 由基本形态变化创意文字

笔形是文字构成的基础因素之一，任何一种文字的构成，基本都取决于文字的基本笔形。文字的每一笔画：横、竖、点、撇、捺等以某种共同的特性组成文字效果，这种基本笔形不仅决定文字外观效果，也是重要的文字创意点之一。

通过各种方法将文字的外形改变为不同的形态，例如球形、散点形、方格晶体形等，或使文字从外形上断裂、破碎、相连，从而获得更加贴近主题的形意效果。

图3中的文字采用画面中的主要装饰——蝴蝶形状取代文字的部分笔画，烘托整体画面氛围；而图4中的文字则通过将文字笔画变形成婉转的线条来契合爱情的细腻缠绵氛围。

图3	图4

4.2.2 由质感创意文字

文字质感是指为文字赋予某种肌理后，使其产生质感，从而得到文字特效。不同的文字质感能够引发人们不同的联想，因此，为文字赋予质感后，能够使文字更加生动，更加准确地传达文字的内涵，如图5所示。

图5

具有玻璃质感的文字会使人感觉到文字的洁净，甚至是略带凉爽的感觉；具有火焰质感的文字，则能够使人感觉并联想到火焰的炽热。因此为文字赋予质感使其成为一种特效文字时，就能够使文字具有感情色彩，并引发相关联想。

通过创建具有不同质感的肌理，并将这些肌理与文字很好地结合在一起，就能够制作出具有不同质感的创意文字。例如可以为文字赋予玻璃、金属、铁锈、毛发、皮革、水滴、火焰、积雪等各种质感，从而使文字获得不同的情感与触觉。

图6是以水为主题基调的设计，所配文字赋予水蓝的质感，不但使画面和谐统一，更会给观者以清洁凉爽的感觉；而图7采用了与背景色同色系的灯火质感，以配合欢快明亮的主题。

图6

图7

4.2.3 由维度变化创意文字

一般的文字是平面的，为了使文字更具有视觉冲击力，可以通过各种手段使文字产生立体变化，也就是使文字具有厚度、景深及透视效果，创造出文字特效，如图8、图9所示。

图8

图9

4.2.4 由形意变化创意文字

形意文字是指以文字为基本元素，通过对文字局部的置换或文字笔画的编辑，使整体文字具有一种图形化的效果，从而达到信息传播的目的。具体而言，就是将文字的笔画经过创意发挥，以物形替代或拼入笔画中，使文字在不失去原意的情况下，增强其识别性、新奇性、装饰性等特点。著名搜索引擎Google的网站站标经常在各种节日或纪念日做出一些独具匠心的变化，如图10所示。

端午节

国际爱眼日

5周年

日本儿童节

足球世界杯

情人节

图10

在图11中，文字"天使"变形添加了翅膀的形状；而图12中的"花"字，部分笔画被变形为花叶的形状。

图11

图12

文字的这种艺术化表现形式来源于古文字的象形文字，越来越多的新意义和概念融入到设计创意中，使文字的形意变化不断丰富。

4.3 特效文字的实际应用

在特效文字的制作过程中不仅需要全面了解Photoshop基础知识，而且对图层、通道等较为高级的操作也要了然于胸。下面精选了几款创意独特、效果出众、构思新颖经典的范例，介绍了各种特效文字的创作方法。

4.3.1 立体网点字

本例将创建具有立体网点的文字效果，如图13所示。主要使用【彩色半调】滤镜创建艺术网点，使用【收缩】命令调整选区，以创建文字的边缘。使用【光照效果】滤镜和图层样式创建具有金属光泽和立体感的文字效果。

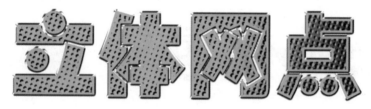

图13

操作步骤

01 按快捷键【Ctrl+N】在工作区创建一个800像素×250像素、白色背景的RGB图像文件。

02 单击工具箱下方的前景色图标，在弹出的对话框中将前景色设置为浅蓝色（R：0，G：255，B：252）。

03 选择工具箱中的【横排文字工具】[T]，在图像上单击鼠标，输入文字"立体网点"，然后按快捷键【Ctrl+Enter】确认文字输入。

04 按住【Ctrl】键单击【图层】面板上的文字图层的缩略图，将文字载入选区，然后选中【窗口】菜单中的【通道】命令，在工作区中显示【通道】面板。

05 单击【通道】面板下方的【将选区存储为通道】按钮 ⬤ ，将当前选区保存为通道"Alpha 1"，如图14所示。

06 单击【通道】面板下方的【创建新通道】按钮 ，创建一个新的通道"Alpha 2"，这时，"Alpha 2"通道上仅显示一个文字的选区，如图15所示。

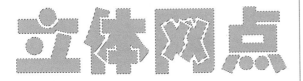

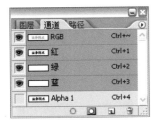

图14

图15

07 执行菜单【选择】→【羽化】命令，在弹出的对话框中将【羽化半径】设置为10像素。然后单击【确定】按钮，羽化选区。将前景色设置为白色，按快捷键【Alt+Delete】以前景色填充选区，如图16所示。

图16

08 按快捷键【Ctrl+D】取消选区，然后执行菜单【滤镜】→【像素化】→【彩色半调】命令，在弹出的对话框中设置参数，如图17所示。

09 设置完成后，单击【确定】按钮，将滤镜效果应用到当前通道"Alpha 2"中，如图18所示。切换到【图层】面板，并选择文字所在的图层。执行菜单【图层】→【栅格化】→【文字】命令，将文字层转换为普通图层。

图17

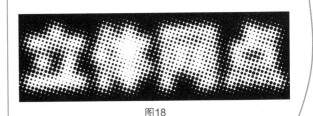

图18

10 按住【Ctrl】单击【图层】面板上文字所在图层的缩略图，将文字载入选区。执行菜单【选择】→【修改】→【收缩】命令，在弹出的对话框中将【收缩量】设置为5像素。设置完成后，单击【确定】按钮，将当前选区向内收缩，如图19所示。

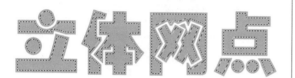

图19

12 设置完成后，单击【确定】按钮，将光照效果应用到文字中，如图21所示。

13 按快捷键【Ctrl+D】取消选区，双击【图层】面板上文字图层的缩略图。在弹出的【图层样式】对话框中，选中【斜面和浮雕】选项，然后按照图22所示的数值设置图层样式。设置完成后，单击【确定】按钮，即可得到最终的文字效果。

11 执行菜单【滤镜】→【渲染】→【光照效果】命令，在弹出的对话框中单击【纹理通道】下拉列表框右侧的三角按钮，从下拉列表中选择"Alpha 2"通道。然后按照图20所示设置各项参数。

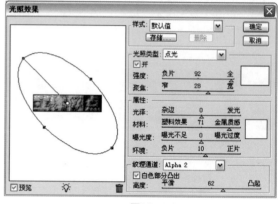

图20

图21

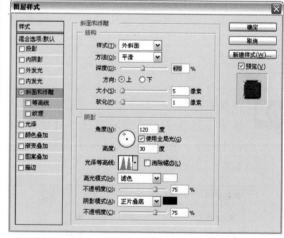

图22

4.3.2　透明水晶字

　　本例将制作晶莹的水晶文字效果，如图23所示。本例的创作关键在于合理设置前景色和背景色，然后使用图层样式为文字添加立体效果，并突出光线的层次。

图23

操作步骤

01 按快捷键【Ctrl+N】，在工作区中创建一个800像素×250像素、白色背景的RGB图像文件。

02 将前景色设置为蓝色（R：4，G：114，B：188），背景色设置为浅蓝色（R：67，G：140，B：202）。

03 选择工具箱中的【横排文字工具】[T]，在图像上单击鼠标，输入文字"透明水晶"。

04 按住【Ctrl】键单击【图层】面板上文字图层的缩略图，载入文字选区。执行菜单【选择】→【修改】→【收缩】命令，在弹出的对话框中将【收缩量】设置为2像素。单击【确定】按钮，选区向内收缩2像素，如图24所示。

图24

05 单击【图层】面板下方的【创建新图层】按钮，创建一个新的图层，按快捷键【Ctrl+Delete】以背景色填充选区。

06 按快捷键【Ctrl+D】取消选区，双击【图层】面板中"图层1"的缩略图，在弹出的【图层样式】对话框中选中【斜面和浮雕】选项，然后按照图25所示的数值设置图层样式。

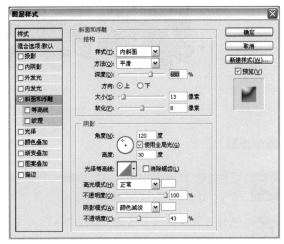

图25

07 设置完成后，单击【确定】按钮为文字添加立体效果，如图26所示。

图26

08 再次双击"图层1"的缩略图,打开【图层样式】对话框,选择【投影】选项,为文字添加阴影,如图27所示。设置完成后,单击【确定】按钮,得到最终的文字效果。

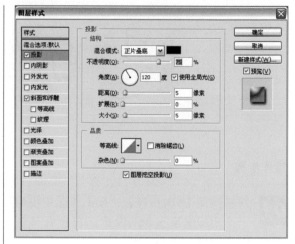

图27

4.3.3 彩块拼贴字

本例将制作各种颜色拼贴而成的文字,就好像画家的调色板,如图28所示。在制作过程中主要用到了【添加杂色】、【晶格化】、【浮雕效果】等滤镜。

图28

操作步骤

01 按快捷键【Ctrl+N】在工作区创建一个800像素×250像素、白色背景的RGB图像文件。

02 选择工具箱中的【横排文字工具】T,在图像上单击鼠标并输入文字"彩块拼贴"。

03 执行菜单【图层】→【栅格化】→【文字】命令,将文字图层转换为普通图层。在【图层】面板中按住【Ctrl】键单击文字图层的缩略图,将文字载入选区。接着,单击【通道】面板下方的【将选区存储为通道】按钮◻,将当前选区保存为通道"Alpha 1",如图29所示。

图29

04 将前景色设置为绿色(R:29,G:206,B:0),然后按快捷键【Alt+Delete】将选区以前景色填充文字选区。

05 执行菜单【滤镜】→【杂色】→【添加杂色】命令，在弹出的对话框中将【数量】设置为100%，并选中【高斯分布】单选项。设置完成后，单击【确定】按钮，将杂色添加到文字中，得到斑点效果，如图30所示。

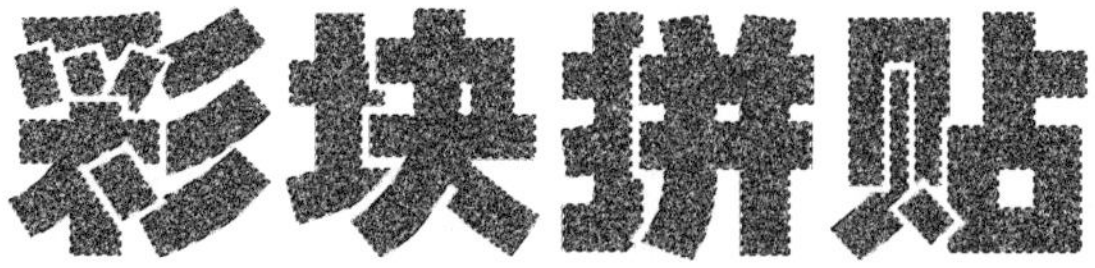

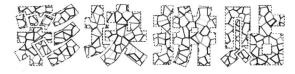

图30

06 执行菜单【滤镜】→【像素化】→【晶格化】命令，在对话框中将【单元格大小】设置为30。设置完成后，单击【确定】按钮，在文字中创建随机分布的晶格，如图31所示。

图31

07 在【图层】面板中将文字所在的图层拖曳到面板下方的【创建新图层】按钮 上，创建一个图层副本。执行菜单【滤镜】→【风格化】→【查找边缘】命令，强化过渡像素，产生运用彩笔勾描轮廓的效果，如图32所示。

图32

08 执行菜单【图像】→【调整】→【阈值】命令，在对话框中将【阈值色阶】设置为255。设置完成后，单击【确定】按钮，当前图层中的彩色图像转换为高对比度的黑白图像，如图33所示。

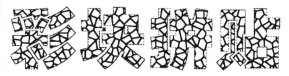

图33

09 将前景色设置为黑色，执行菜单【编辑】→【描边】命令，在对话框中将【宽度】设置为4像素，并选中【居中】单选项。设置完成后，单击【确定】按钮，为文字周围的选区描边，如图34所示。

图34

10 按快捷键【Ctrl+D】取消选区，执行菜单【选择】→【色彩范围】命令，在图像中吸取白色区域，然后单击【确定】按钮选中当前图层中的所有白色区域。接着，按【Delete】键删除选区的内容，如图35所示。

图35

11 执行菜单【选择】→【反选】命令或按快捷键【Ctrl+Shift+I】反选选区。执行菜单【滤镜】→【风格化】→【浮雕效果】命令，在对话框中将【角度】设置为135度，【高度】设置为6像素，【数量】设置为150%，如图36所示。

12 设置完成后，单击【确定】按钮，将浮雕效果应用到当前图层中，然后按快捷键【Ctrl+D】取消选区，如图37所示。

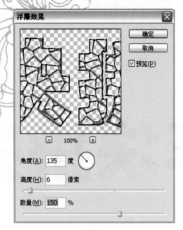

图36

图37

13 在【图层】面板上双击图层"彩块拼贴副本",并在弹出的【图层样式】对话框中选中【投影】选项,为图层添加阴影效果,如图38所示。设置完成后单击【确定】按钮,得到最终的文字效果。

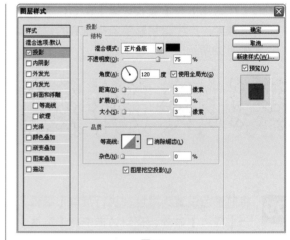

图38

4.3.4 晶莹发光字

本例将制作类似晶莹发光的荧光棒文字效果,如图39所示。制作的重点是使用【收缩】命令修改选区以及使用【高斯模糊】滤镜巧妙创建文字的高光效果。

图39

操作步骤

01 按快捷键【Ctrl+N】在工作区创建一个800像素×250像素、白色背景的图像文件。

02 单击工具箱下方的前景色图标，在弹出的对话框中将前景色设置为绿色（R：77，G：209，B：47）。选择工具箱中的【横排文字工具】T，在图像上单击鼠标，输入文字"晶莹发光"。

03 按住【Ctrl】键单击【图层】面板上文字图层的缩略图，将文字载入选区。执行菜单【选择】→【修改】→【收缩】命令，在弹出的对话框中将【收缩量】设置为7像素。设置完成后，单击【确定】按钮，选区将向内收缩7像素，如图40所示。

图40

04 单击【图层】面板下方的【创建新图层】按钮，创建一个新的图层，并将其命名为"高光"。将前景色设置为白色，按快捷键【Alt+Delete】以前景色填充选区，如图41所示。

05 按快捷键【Ctrl+D】取消选区，然后执行菜单【滤镜】→【模糊】→【高斯模糊】命令，在弹出的对话框中将【半径】设置为3像素。单击【确定】按钮，将高斯模糊效果应用到图层"高光"中，如图42所示。

图41

图42

06 选择工具箱中的【移动工具】，在图像上拖动"高光"图层的内容，将它移动到文字的左上方，模拟光线照射产生的高光效果，如图43所示。

07 在【图层】面板中将图层"高光"拖曳到【创建新图层】按钮上，创建一个图层副本，并命名为"内发光"。选择工具箱中的【移动工具】，在图像上拖动"内发光"图层的内容，将它移动到文字的右下角，如图44所示。我们将利用它创建文字内部发光的效果。

图43

图44

08 在【图层】面板中将"内发光"图层的混合模式设置为【叠加】，如图45所示。

图45

09 执行菜单【滤镜】→【模糊】→【高斯模糊】命令，在弹出的对话框中将【半径】设置为6，使内发光效果变得柔和，如图46所示。

图46

10 在【图层】面板中双击文字"晶莹发光"图层的缩略图，在弹出的【图层样式】对话框中，选中【投影】选项，并将阴影颜色设置为绿色，其他参数设置如图47所示。

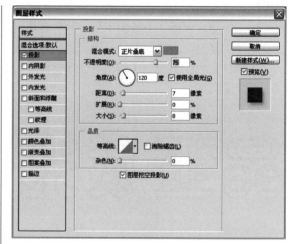

图47

11 设置完成后，单击【确定】按钮，得到如图48所示的效果。

图48

12 选择"高光"图层，执行菜单【滤镜】→【其他】→【最大值】命令，调整高光区域的大小，如图49所示。设置完成后，单击【确定】按钮得到最终的文字效果。

图49

4.3.5　金边银底字

本例将创建金色边缘的银底立体文字效果，如图50所示。主要使用【渐变工具】为文字添加渐变色，使用【光照效果】滤镜创建立体文字效果，并通过调整【曲线】和【色相/饱和度】创建光泽感较强的文字效果。

图50

操作步骤

01 按快捷键【Ctrl+N】在工作区创建一个500像素×250像素、白色背景的图像文件。然后按【D】键将前景色设置为黑色，背景色设置为白色。

02 选择工具箱中的【横排文字工具】[T]，在图像上单击鼠标并输入文字"金边银底"。

03 按住【Ctrl】键单击【图层】面板上的文字图层的缩略图，将文字载入选区，然后单击【图层】面板下方的【创建新图层】按钮[🗋]，创建一个新的图层。

04 选择工具箱中的【渐变工具】，在选项栏中将渐变色设置为【前景到背景】的渐变。按住【Shift】键从上到下拖动鼠标，在"图层1"中填充渐变色，如图51所示。

图51

05 执行菜单【滤镜】→【模糊】→【高斯模糊】命令，在弹出的对话框中将【半径】设置为5像素。设置完成后，单击【确定】按钮，将高斯模糊效果应用到当前图层中，如图52所示。

06 执行菜单【滤镜】→【渲染】→【光照效果】命令，在弹出的对话框中将【纹理通道】设置为【图层1 透明区域】，然后按照图53设置其他各项参数。

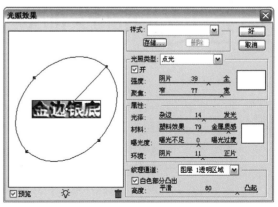

图52

图53

119

07 设置完成后，单击【确定】按钮，将光线照射效果应用到图像中，得到如图54所示的效果。

08 执行菜单【图像】→【调整】→【曲线】命令，按照图55中所示的效果调整曲线形状。

图54

图55

09 调整完成后单击【确定】按钮，得到立体感和光泽感较强的文字效果，如图56所示。

图56

10 执行菜单【选择】→【修改】→【收缩】命令，在弹出的对话框中将【收缩量】设置为7像素。然后单击【确定】按钮，选区向内收缩。

11 单击【图层】面板下方的【创建新图层】按钮，创建一个新的图层，按快捷键【Ctrl+Delete】将选区以背景中的白色填充，如图57所示。

12 执行菜单【滤镜】→【杂色】→【添加杂色】命令，在弹出的对话框中将【数量】设置为60%，并选中【平均分布】和【单色】选项。设置完成后，单击【确定】按钮将杂色滤镜应用到选区中，如图58所示。

图57

图58

13 按快捷键【Ctrl+F】再次应用【添加杂色】滤镜，然后在【图层】面板中双击"图层2"的缩略图，在弹出的【图层样式】对话框中选中【斜面和浮雕】选项。将【样式】设置为【枕状浮雕】，其他参数设置如图59所示。

14 设置完成后，单击【确定】按钮，在"图层 2"中应用斜面和浮雕效果，如图60所示。

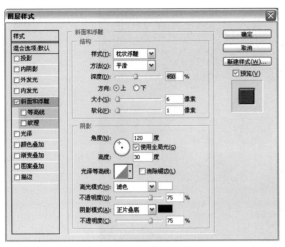

图59

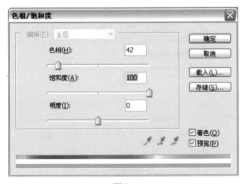

图60

15 按快捷键【Ctrl+D】取消选区，然后在【图层】面板中选择"图层1"。执行菜单【图像】→【调整】→【色相/饱和度】命令，并选中对话框中的【着色】复选框，拖动三角滑块为"图层1"着色，如图61所示。

16 设置完成后，单击【确定】按钮，将调整后的效果应用到"图层1"中，如图62所示。

图62

17 选择【图层】面板中的"图层2"，执行菜单【图像】→【调整】→【曲线】命令，按照图63所示调整银色部分的色泽，然后单击【确定】按钮，得到最终的文字效果。

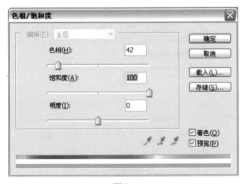

图61

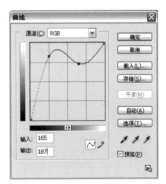

图63

4.3.6 极光爆炸字

本例将制作一款光芒四射的极光爆炸文字效果，如图64所示。在制作过程中主要用到【极坐标】、【风】、【高斯模糊】以及【曝光过度】等滤镜。

121

图64

操作步骤

01 按快捷键【Ctrl+N】，在工作区创建一个1000像素×600像素、白色背景的图像文件。按【D】键将前景色设置为黑色，背景色设置为白色。

02 选择工具箱中的【横排文字工具】**T**，在图像的中心位置单击鼠标并输入文字"极光爆炸"。

03 执行菜单【图层】→【栅格化】→【文字】命令，将文字图层转换为普通图层。然后在【图层】面板中将文字图层拖曳到面板下方的【创建新图层】按钮上，创建一个图层副本"极光爆炸副本"。

04 执行菜单【编辑】→【填充】命令，在弹出的对话框中将【使用】设置为【白色】，【模式】设置为【正片叠底】。设置完成后，单击【确定】按钮，以指定的方式填充"极光爆炸副本"图层，如图65所示。

图65

05 执行菜单【滤镜】→【模糊】→【高斯模糊】命令，在弹出的对话框中将【半径】设置为4像素。单击【确定】按钮，在"极光爆炸副本"图层中应用高斯模糊滤镜效果。

06 执行菜单【滤镜】→【扭曲】→【极坐标】命令，选中对话框中的【极坐标到平面坐标】选项。设置完成后，单击【确定】按钮，将滤镜效果应用到"极光爆炸副本"图层中，如图66所示。

图66

07 执行菜单【图像】→【调整】→【反相】命令，或者按快捷键【Ctrl+I】使图像反相。执行菜单【图像】→【旋转画布】→【90度（顺时针）】命令，使图像顺时针旋转90度。

08 执行菜单【滤镜】→【风格化】→【风】命令，将【方法】设置为【风】，【方向】设置为【从右】。设置完成后，单击【确定】按钮，在图像中应用滤镜效果，如图67所示。

图67

09 按快捷键【Ctrl+F】再次执行菜单【风】滤镜命令。

10 执行菜单【图像】→【旋转画布】→【90度（逆时针）】命令，使图像逆时针旋转90度，回到先前的正常位置。执行菜单【滤镜】→【扭曲】→【极坐标】命令，选中对话框中的【平面坐标到极坐标】选项，如图68所示。

图68

11 设置完成后，单击【确定】按钮应用滤镜效果，如图69所示。

12 执行菜单【图像】→【调整】→【色相/饱和度】命令，选中对话框中的【着色】复选框，将【色相】设置为32，【饱和度】设置为79，如图70所示。

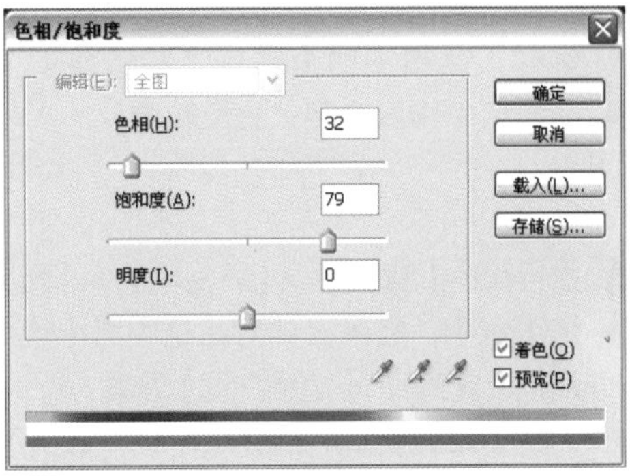

图69

图70

13 设置完成后，单击【确定】按钮得到如图71所示的效果。

14 在【图层】面板上将当前图层的混合模式设置为【线性光】，即可得到最终的文字效果。

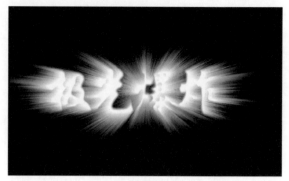

图71

4.3.7　金属轮廓字

本例将制作金属边缘的轮廓字，如图72所示。在制作的过程中主要使用【高斯模糊】和【照亮边缘】命令得到文字的轮廓，然后使用【色相/饱和度】命令调整文字的颜色，并使用图层样式创建立体文字效果。

图72

操作步骤

01 按快捷键【Ctrl+N】在工作区创建一个800像素×300像素、白色背景的图像文件。按【D】键将前景色设置为黑色，背景色设置为白色。

02 在【窗口】菜单中选中【通道】命令，在工作区显示【通道】面板。单击面板下方的【创建新通道】按钮 ，创建一个新的通道"Alpha 1"。

03 选择工具箱中的【横排文字工具】 T ，在通道中输入文字"金属轮廓"。

04 按快捷键【Ctrl+D】取消选区。执行菜单【滤镜】→【模糊】→【高斯模糊】命令，在弹出的对话框中将【半径】设置为2像素。设置完成后，单击【确定】按钮，得到如图73所示的效果。

图73

06 按住【Ctrl】键单击"Alpha 1"通道，将其载入选区，按快捷键【Ctrl+C】复制选区中的图像。切换到【图层】面板，按快捷键【Ctrl+V】将复制的图像粘贴到新的图层中，如图75所示。

05 执行菜单【滤镜】→【风格化】→【照亮边缘】命令，在弹出的对话框中将【边缘宽度】设置为1，【边缘亮度】设置为8，【平滑度】设置为3，如图74所示。设置完成后，单击【确定】按钮，应用滤镜效果。

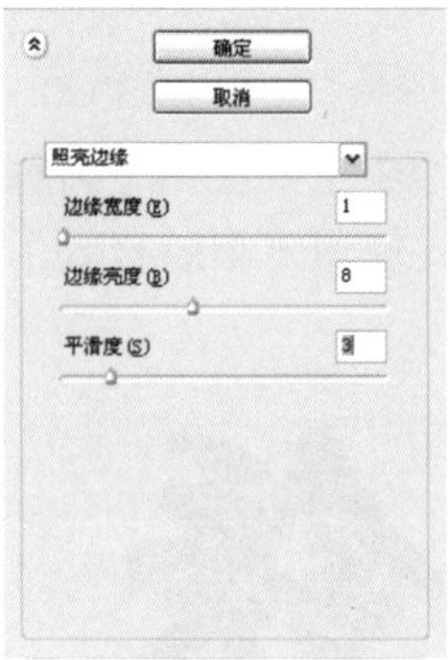

图74

图75

07 执行菜单【图像】→【调整】→【色相/饱和度】命令，或者按快捷键【Ctrl+U】，在弹出的对话框中选中【着色】复选框，然后将【色相】设置为216，【饱和度】设置为100，如图76所示。

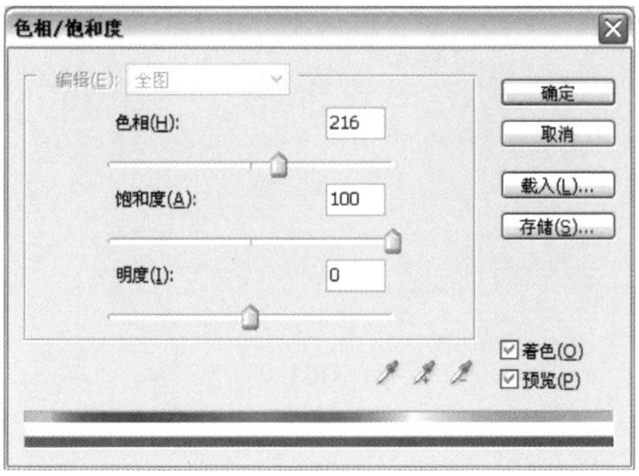

图76

08 设置完成后，单击【确定】按钮，得到如图77所示的效果。

09 执行菜单【图层】→【图层样式】→【投影】命令，在弹出的【图层样式】对话框中分别选中【投影】和【斜面和浮雕】选项，并按照如图78及图79所示设置各项参数，为文字添加阴影和立体效果。

图78

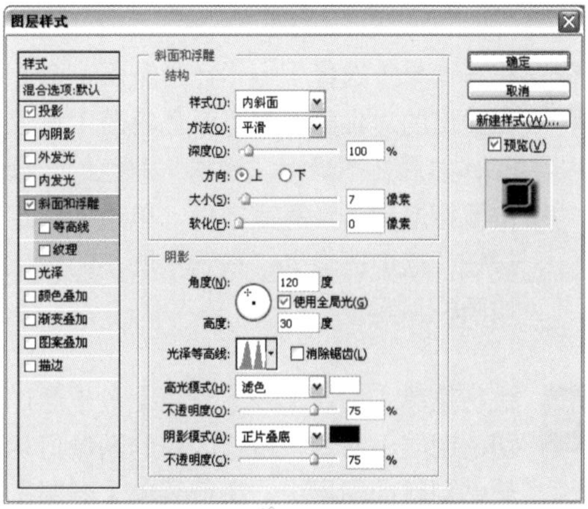

图79

10 设置完成后，单击【确定】按钮，得到最终的文字效果。

图77

4.3.8 腐蚀铁锈字

本例将制作布满铁锈的文字效果，如图80所示。在制作的过程中主要使用【海绵】滤镜为文字表面创建斑驳的效果；使用【色彩范围】命令选取特定色彩区域；使用【图层样式】为锈迹添加立体效果。

图80

操作步骤

01 按快捷键【Ctrl+N】在工作区创建一个800像素×300像素、白色背景的图像文件。

02 将前景色设置为灰色（R：124，G：124，B：124），选择工具箱中的【横排文字工具】【T】，在图像上单击鼠标并输入文字"腐蚀铁锈"。

03 执行菜单【图层】→【栅格化】→【文字】命令，将文字层转换为普通图层。执行菜单【滤镜】→【艺术效果】→【海绵】命令，在弹出的对话框中将【画笔大小】设置为2，【清晰度】设置为25，【平滑度】设置为4，如图81所示。设置完成后，单击【确定】按钮应用滤镜效果。

图81

04 执行菜单【选择】→【色彩范围】命令，在弹出的对话框中将【颜色容差】设置为50，然后在图像上"铁锈"深色的区域单击鼠标取样。设置完成后，单击【确定】按钮，选中图像上"铁锈"所在的区域，如图82所示。

图82

05 执行菜单【图层】→【新建】→【通过剪切的图层】命令，将选区中的图像剪切并粘贴到新的图层中。执行菜单【图层】→【图层样式】→【斜面和浮雕】命令，在弹出的对话框中按照如图83所示设置各项参数。

06 设置完成后，单击【确定】按钮，将内斜面效果应用到"图层1"中，得到如图84所示的效果。

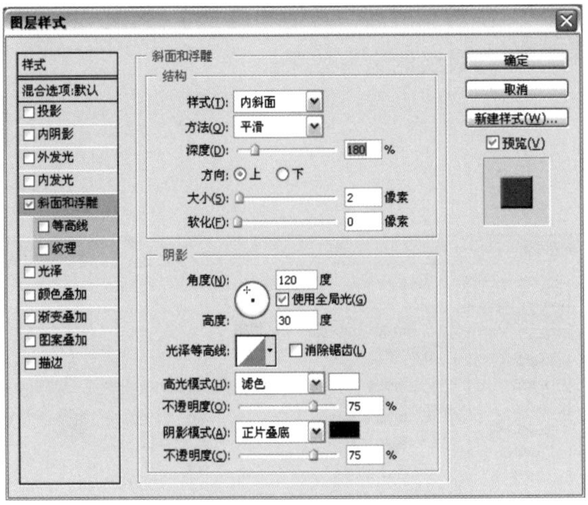

图83

图84

07 执行菜单【图像】→【调整】→【色相/饱和度】命令,选中对话框中的【着色】选项,拖动三角滑块为文字着色,如图85所示。

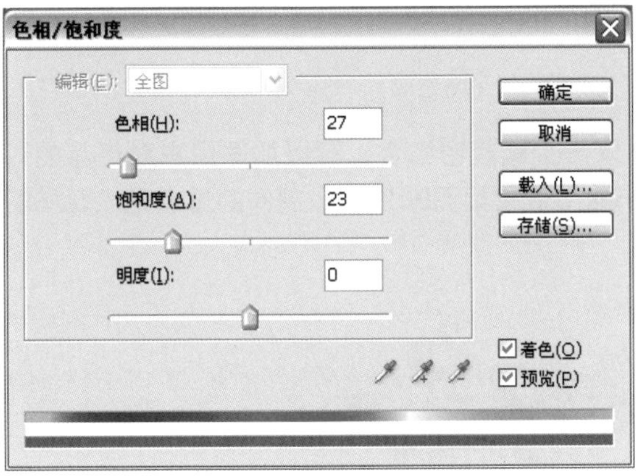

08 设置完成后,单击【确定】按钮,得到如图86所示的效果。

图85

图86

09 在【图层】面板中选择图层"腐蚀铁锈",然后用同样的方式为下方的文字图层着色,如图87所示。

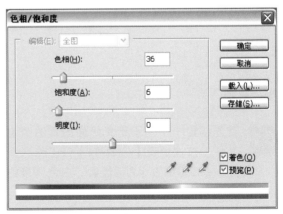

图87

10 执行菜单【图层】→【图层样式】→【投影】命令，在弹出的对话框中分别选择【投影】和【内阴影】选项，为下方的文字图层添加阴影效果，如图88和图89所示。

11 设置完成后，单击【确定】按钮，即可得到最终的文字效果。

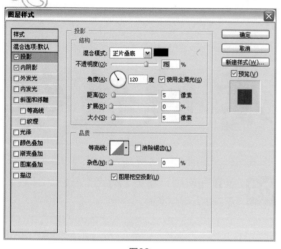

图88

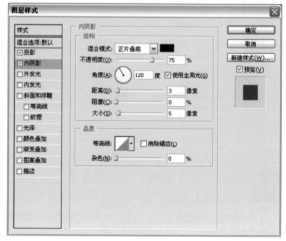

图89

4.3.9 奶酪字

在文字特性的制作中，采用形象生动的文字效果与主题紧密结合，可以加深用户对产品的印象，增强整个画面与主题的联系。本例将要制作的奶酪字效果如图90所示。制作的重点是表现奶酪表面的孔洞以及其细腻柔滑的质感。

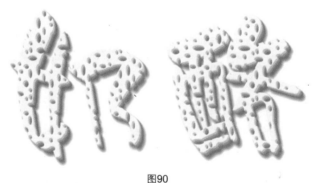

图90

操作步骤

01 首先创建一个用于定义奶酪图案的图像文件。按快捷键【Ctrl+N】在工作区新建一个200像素×200像素、白色背景的图像文件。

02 单击【图层】面板下方的【创建新图层】按钮，创建一个新的图层。将前景色设置为淡黄色（R：251，G：242，B：183），并按快捷键【Alt+Delete】以前景色填充"图层1"，如图91所示。

图91

03 选择工具箱中的【椭圆选框工具】○，在选项栏中将选择方式设置为【添加到选区】，如图92所示。

图92

04 在图像上按住并拖动鼠标创建多个大小不同的椭圆选区，创建完成后，按【Delete】键删除选中的图像，如图93所示。然后按快捷键【Ctrl+D】取消选区。

图93

05 为了定义无缝拼贴的图案，执行菜单【滤镜】→【其它】→【位移】命令，在弹出的对话框中将【水平】和【垂直】位移量均设置为100像素，【未定义区域】设置为【折回】。这样，椭圆图形就随机分布在画布的边缘，如图94所示。

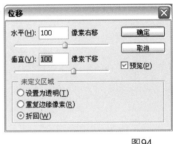

图94

06 在中央的空白区域再创建一些椭圆选区，然后按【Delete】键将选中的区域删除，如图95所示。

图95

07 在【图层】面板中隐藏背景图层，然后执行菜单【图像】→【图像大小】命令，在弹出的对话框中将图像大小调整为100像素×100像素。接着，执行菜单【编辑】→【定义图案】命令，将当前图形定义为图案，如图96所示。

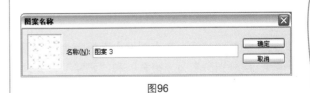

图96

08 在工作区新建一个白色背景的图像文件，然后选择工具箱中的【横排文字工具】T，在图像上单击鼠标并输入文字。

09 在【图层】面板中创建一个新图层，按住【Ctrl】键单击文字图层，载入文字的选区，如图97所示。

图97

10 选择"图层1",执行菜单【编辑】→【填充】命令,在弹出的对话框中选择自定义的图案,单击【确定】按钮以图案填充选区。填充完成后,隐藏【图层】面板上的文字图层,如图98所示。

11 将"图层1"拖曳到【图层】面板下方的【创建新图层】按钮 上,创建一个副本,然后按快捷键【Ctrl+U】打开【色相/饱和度】对话框。选中对话框中的【着色】复选框,拖动滑块将图像调整为橙黄色,如图99所示。

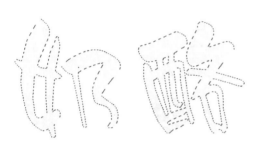
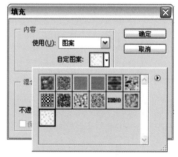

图98

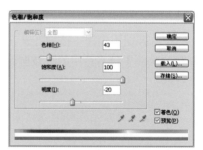

图99

12 调整完成后,在【图层】面板上为两个图层分别命名为"橙黄"和"奶酪",并调整图层之间的顺序,如图100所示。

图100

13 在【图层】面板中为"橙黄"图层创建4个副本，然后选择工具箱中的【移动工具】 ▶⊕。选择"橙黄副本4"图层，分别按键盘上的【↓】和【→】键，将图层中的图像向下移动1像素，向右移动2像素。

14 选择"橙黄副本3"图层，将图层中的图像向下移动3像素，向右移动3像素。然后执行菜单【图像】→【调整】→【亮度/对比度】命令，在对话框中将【亮度】降低为–25。

15 用同样的方式选择"橙黄副本2"图层，将图层中的图像向下和右各移动5像素，并将【亮度】降低为–39；选择"橙黄副本"图层，将图层中的图像向下和右各移动7、6像素，将【亮度】降低为–59；最后选择"橙黄"图层，将图层中的图像向下和右各移动9、8像素，将【亮度】降低为–60。这样，就制作出了具有立体感的奶酪，如图101所示。

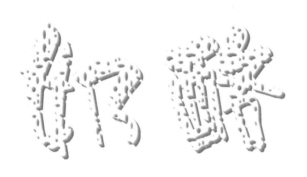

图101

16 合并所有的"橙黄"及"橙黄副本"图层。执行菜单【滤镜】→【模糊】→【高斯模糊】命令，在弹出的对话框中将【模糊半径】设置为0.7像素，使奶酪的边缘变得细致，如图102所示。

17 选择最上方的"奶酪"图层，然后单击【图层】面板下方的【添加图层样式】按钮 ❷.，从弹出的菜单选择【斜面和浮雕】选项，并在对话框中指定各项参数，为奶酪的表面增添凝脂般的柔滑感。这里的【阴影模式】所使用的颜色为深棕色（R：97，G：69，B：9），如图103所示。

图102

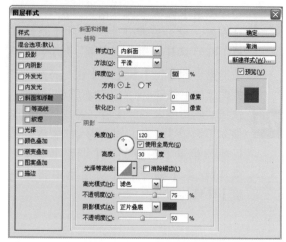

图103

18 最后，将除背景外的所有图层合并，并添加深棕色的投影，就可得到最终的效果。

4.3.10 POP广告字

一般的文字是平面的，为了使文字更具有冲击力，可以通过各种手段使文字在维度方面发生变化，使文字具有厚度、景深及透视效果，创造出文字特效。本节以如图104所示的POP广告字为例介绍它的制作方法。

图104

操作步骤

01 选择工具箱中的【钢笔工具】 ，按下选项栏中的【形状图层】按钮 ，在图像上绘制图案并为所绘制的图案着色。本例中，可以直接打开附书光盘中的背景图像文件 "Chap04/4_11.psd"，如图105所示。

02 选择工具箱中的【横排文字工具】 ，分别选择不同的字体，在图像中输入要添加的文字，如图106所示。

图105

图106

03 在【图层】面板上选择一个文字图层，单击面板下方的【添加图层样式】按钮 🔊，并从弹出的菜单中选择【投影】命令。

04 在弹出的对话框中分别选择【投影】、【内发光】和【颜色叠加】选项，对其参数值分别进行设置，强化文字效果。其参数设置及效果如图107至图108所示。

图107

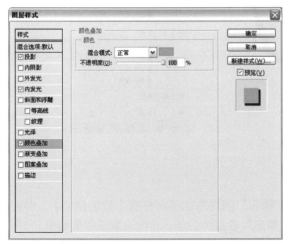

图108

图109

05 在【图层】面板中选择"秋季"图层，单击鼠标右键，从弹出的菜单中选择【拷贝图层样式】命令。

06 在【图层】面板上选择其他文字所在的图层，然后单击鼠标右键，从弹出的菜单选择【粘贴图层样式】命令，将同样的图层样式应用到所选择的图层中，如图110所示。

图110

07 在【图层】面板中分别双击"火热上市"和"精品"图层中的图层样式【颜色叠加】，并在弹出的对话框中重新设置文字颜色。此处将"精品"设置为白色，参数设置及效果如图111所示。"火热上市"设置为红色，参数设置及效果如图112所示。

图111

图112

08 接下来为文字制作一些变形效果。在【图层】面板中选择"火热上市"图层,执行菜单【编辑】→【变换】→【斜切】命令。拖动控制点,使文字产生斜切变形,如图113所示。调整完成后,按【Enter】键确认变形操作。

图113

09 选择工具箱中的【横排文字工具】T,单击选项栏中的【创建文字变形】按钮，在弹出的对话框中选择【鱼眼】样式,然后调整其他各项参数,为文字分别指定变形效果,如图114至图115所示。

10 调整完成后,使用【移动工具】分别调整各个图层中文字的位置,即可得到最终的效果。

图114

图115

图116

4.4　文字变形的方法与技巧

　　文字变形是画面设计与合成中常见的方式。在Photoshop中，文字图层可以转化为形状图层，并使用路径工具对形状图层进行编辑，得到最后的变形文字效果，如图117和图118所示。下面，通过两个范例介绍文字变形的方法和技巧。

图117

图118

4.4.1　添加或删除路径法

操作步骤

01 打开要变形处理的文字 💿 "Chap02/4_14. psd"，如图119所示。

02 在【图层】面板中的文字图层上单击鼠标右键，在弹出的菜单中选择【转换为形状】命令，将文字图层转换为形状图层，如图120所示。

图119

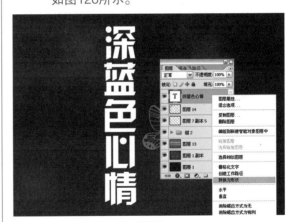

图120

03 选择工具箱中的【缩放工具】🔍，在文字"深"所在的位置单击鼠标数次，将文字放大显示，以便于进行路径编辑，如图121所示。

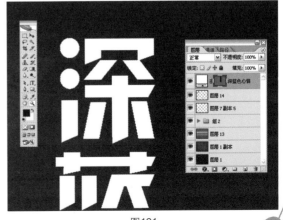

图121

04 选择工具箱中的【直接选择工具】，按住并拖动鼠标选中"深"左侧的三点水路径，如图122所示。

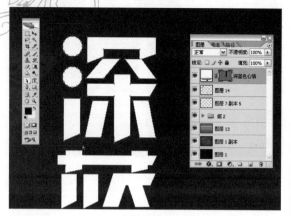

图122

05 按【Delete】键删除选中的三点水路径，如图123所示。

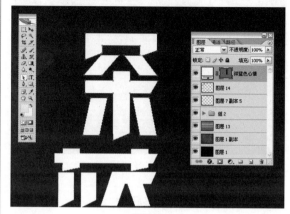

图123

06 选择工具箱中的【自定形状工具】，在选项栏的形状列表中单击右侧的 ▶ 按钮，从菜单中选择【全部】命令，显示出所有的预设形状，如图124所示。

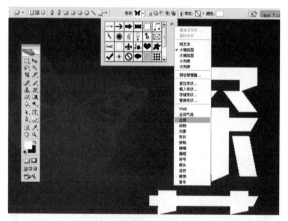

图124

07 在选项栏中选择【蝴蝶】形状，按下选项栏中的【形状图层】按钮，并将前景色设置为白色，如图125所示。

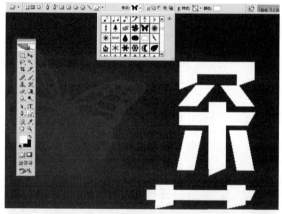

图125

08 按住【Shift】键，在"深"字左侧按住并拖动鼠标，以预设形状的原始比例创建一个蝴蝶的形状图层，如图126所示。

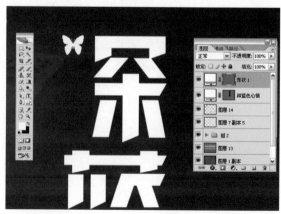

图126

09 按快捷键【Ctrl+T】，将鼠标置于控制点包围的区域外，按住并拖动鼠标旋转蝴蝶形状，如图127所示。按【Enter】键确认变形操作。

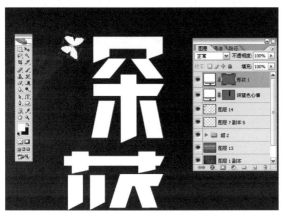

图127

10 用同样的方式继续绘制两只蝴蝶替代文字"深"左侧的点。并在"蓝"字右上角添加一只蝴蝶，如图128所示。

图128

11 选择工具箱中的【直接选择工具】，在"色"字上单击鼠标左键，显示出锚点，再拖动鼠标选中文字中心"口"字形周围的8个锚点，如图129所示。

图129

12 按【Delete】键删除选中的所有锚点，如图130所示。

图130

13 选择工具箱中的【自定形状工具】，在选项栏中选择自定形状【蝴蝶】。并按下【重叠路径区域除外】按钮。在"色"字适当的位置按住并拖动鼠标，制作出镂空的蝴蝶效果，如图131所示。

14 用同样的方式对文字"心"、"情"进行处理，完成路径编辑的效果如图132所示（附书光盘中 "Chap02/4_15.psd"）。

图131

图132

4.4.2 编辑路径法

操作步骤

01 打开附书光盘中需要进行变形处理的文字 "Chap02/4_16.psd"，如图133所示。

02 在【图层】面板中的文字图层上单击鼠标右键，在弹出的菜单中选择【转换为形状】命令，将文字图层转换为形状图层，如图134所示。

图133

图134

03 在工具箱中选择【钢笔工具】，如图135所示。

图135

04 按住【Ctrl】键将【钢笔工具】[图]临时切换为【直接选择工具】[图]，单击文字"春"，显示"春"字的路径锚点，如图136所示。

图136

05 按住【Ctrl】键，选中并拖动如图137所示的锚点，调整它的位置。

图137

06 按住【Alt】键将【钢笔工具】[图]临时切换为【转换点工具】[图]，在锚点上按住并拖动鼠标，显示出两条方向线，如图138所示。

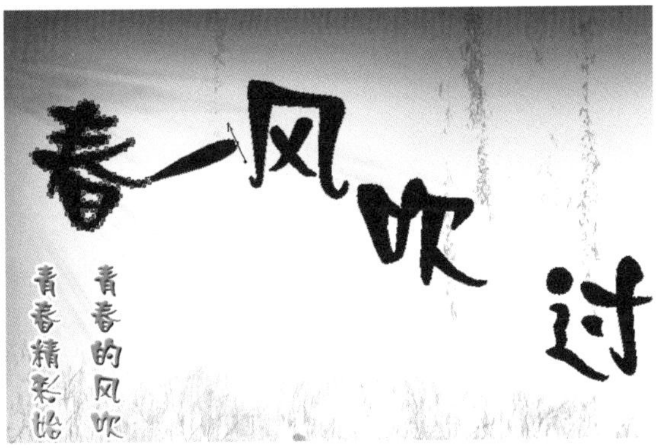

图138

07 在如图139所示的位置单击鼠标，为"春"字的路径添加一个锚点。

图139

08 按住【Ctrl】键，将【钢笔工具】[图]临时切换为【直接选择工具】[图]，将添加的锚点拖曳到"风"字的左下角位置，如图140所示。

09 按住【Alt】键，将【钢笔工具】[图]临时切换为【转换点工具】[图]，调整锚点左下角的方向线，得到如图141所示的效果。

图140

图141

10 使用同样的方法编辑和调整其他几个字的路径，得到如图142所示的最终效果。

图142

Photoshop 中文版

数码照片修饰技巧与创意宝典

第5章　青春无限

　　每个人都希望把自己美丽的一面呈现在众人的面前，尤其是呈现给朋友、家人和爱人。本章中我们将介绍一些个人青春数码照片主题模板的制作和使用，教你如何轻松将美丽"秀"出来。

5.1 出水芙蓉

本例制作的模板"出水芙蓉"风格素雅，以花朵为主题配以水纹背景，画面中的气泡浮于人物图层之上，给人以清新活泼的感觉，如图1所示（ ● "Chap05/5_01.psd"）。

图1

在制作过程中，把人物的照片融入右侧的背景画面，再将透空背景的人物置于花朵上，使整个画面变得丰满，突出"出水芙蓉"的主题。

在本例的背景制作和图层蒙版制作中主要使用【渐变工具】■和【画笔工具】◢修饰和处理画面。

【渐变工具】用于创建多种颜色间的渐变混合，可以从预设渐变中选取渐变样式，也可以自定义渐变效果。在操作时，定义不同位置的起点（按下鼠标处）和终点（松开鼠标处）会影响渐变外观。如果要填充图像的一部分，需要预先创建选区。否则，渐变填充将应用于当前图层。【画笔工具】则用于绘制蓝色背景、修改快速蒙版和通道。

5.1.1 创建渐变背景

01 执行菜单【文件】→【新建】命令，在弹出的【新建】对话框中将【宽度】设置为2272像素，【高度】设置为1704像素，【背景内容】设置为【透明】，单击【确定】按钮，创建透明背景的图像文件，如图2所示。

图2

02 单击工具箱下方的前景色图标，在弹出的【拾色器】对话框中将前景色设置为蓝色，如图3所示。

图3

03 单击工具箱下方的背景色图标，在弹出的【拾色器】对话框中将背景色设置为白色，如图4所示。

图4

04 按快捷键【Ctrl+Delete】以背景色白色填充"图层1"，如图5所示。

图5

05 选择工具箱中的【渐变工具】 ，在选项栏中将渐变模式设置为【前景到透明】 ，如图6所示。

图6

06 单击【图层】面板下方的【创建新图层】按钮 ，新建"图层2"。在工作区按住并拖动鼠标，创建蓝色到透明的渐变，如图7所示。

图7

5.1.2 将水纹融入背景

01 打开附书光盘中提供的图像素材"Chap05/5_02.jpg"，如图8所示。

图8

02 将素材拖曳到"出水芙蓉"文件中，成为"图层3"。选择工具箱中的【移动工具】，将"图层3"移动到画面的右下角，如图9所示。

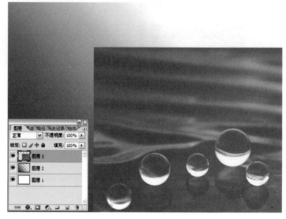

图9

03 单击【图层】面板下方的【添加图层蒙版】按钮，为水纹所在的图层创建蒙版，如图10所示。

图10

04 选择工具箱中的【画笔工具】，在选项栏中设置较大尺寸的柔和画笔，然后将前景色设置为黑色，在蒙版上进行涂抹，使水纹图像的边缘与背景融合，如图11所示。

图11

5.1.3　添加气泡效果

01 接下来制作前景中的气泡效果。打开附书光盘中提供的图像素材● "Chap05/5_03.psd"，如图12所示。

02 使用【移动工具】●将气泡图片拖曳到当前编辑的图像的最上层，并将它移动到画面的右上角，如图13所示。

图12

图13

03 在【图层】面板中将气泡所在图层的混合模式设置为【亮度】，使它与背景更好地融合在一起，如图14所示。

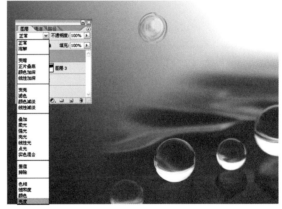

图14

5.1.4　进一步修饰背景

01 接下来将进一步修饰背景，增强画面色彩的整体协调性。单击工具箱下方的前景色图标，在弹出的【拾色器】对话框中将前景色设置为蓝色，如图15所示。

02 选择工具箱中的【渐变工具】■，在选项栏中将渐变模式设置为【前景到透明】■，如图16所示。

图15

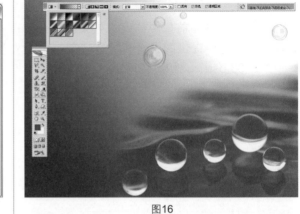

图16

03 单击【图层】面板下方的【创建新图层】按钮 ，新建"图层5"，并把它拖曳到"图层4"的下方。然后在工作区中按住并拖动鼠标，创建蓝色到透明的渐变，如图17所示。

图17

5.1.5　花朵的抠图与调整

01 打开附书光盘中提供的素材图片 "Chap05/5_04.jpg"，如图18所示。这一步将把花朵从黑色的背景中提取出来。操作过程可以参考前面章节介绍的人物抠像中的Alpha通道法。

02 对比图像的"红""绿""蓝"3个通道，选择如图19所示的花朵与背景对比最明显的"红"通道来进行抠图操作。

图18

图19

03 在【通道】面板中，将"红"通道拖曳到右下角的【创建新通道】按钮🔳上，创建"红副本"通道，如图20所示。

04 按快捷键【Ctrl+L】，打开【色阶】对话框。选择右下角的【设置白场】按钮✏，在花瓣的边缘位置单击鼠标指定白场，如图21所示。然后单击【确定】按钮。

图20

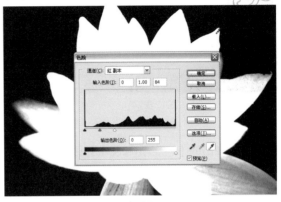

图21

05 单击【通道】面板下的【将通道作为选区载入】按钮 ◯ ，将通道转换为选区，如图22所示。

06 在【通道】面板中选择"RGB"通道，切换到RGB复合通道模式，如图23所示。

图22

图23

07 切换到【图层】面板，按快捷键【Ctrl+C】复制选中的花朵，再按快捷键【Ctrl+V】将花朵图像粘贴，系统自动生成"图层1"，如图24所示。

08 在【图层】面板中单击"背景"图层前的【指示图层可视性】按钮👁，隐藏"背景"图层，可以看到花朵的边缘存在残留的黑色。单击【图层】面板下方的【创建新的填充或调整图层】按钮 ◑ ，从弹出菜单中选择【色相/饱和度】命令，如图25所示。

图24

图25

09 在弹出的【色相/饱和度】对话框中设置以下参数：选择【编辑】为【全图】，并设置【明度】为+45；选择【编辑】为【黄色】，并设置【色相】为+20，【饱和度】为+45，明度为-10；选择【编辑】为【青色】，并设置【明度】为+100；选择【编辑】为【蓝色】，并设置【明度】为+25；选择【编辑】为【洋红】，并设置【色相】为-10，【饱和度】为+15，如图26所示。然后单击【确定】按钮。

10 按快捷键【Ctrl+A】全选整个画面，再按快捷键【Ctrl+Shift+C】将当前显示的图像合并拷贝到剪贴板，如图27所示（附书光盘中 "Chap05/5_05.psd"）。

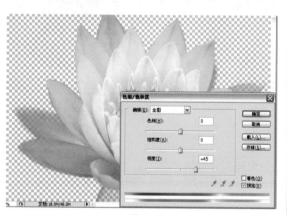

图26

图27

5.1.6 将花朵融入模板

01 切换到模板文件"出水芙蓉"工作区，按快捷键【Ctrl+V】将先前复制的花朵粘贴到图像中，然后将其调整到"图层4"的下方，如图28所示。

02 按快捷键【Ctrl+T】使花朵处于自由变换状态，按住【Shift】拖动花朵四角的控制点，按比例调整花朵的尺寸，然后将它移动到画面左侧，如图29所示。调整完成后，按【Enter】确认操作。

图28

图29

03 在【图层】面板中将花朵所在的"图层6"的混合模式设置为【强光】，如图30所示。

图30

5.1.7 添加文字效果

01 选择工具箱中的【横排文字工具】T，在图像中按住并拖动鼠标拖曳出一个文本框。输入"云飞雨霁着清意，出水芙蓉醉雾岚"两行文字，如图31所示。

02 选中文字，在【字符】面板中设置字号为56点，颜色为白色，字体为汉仪雁翎体简，在第二行文字前增加空格使两行文字错开排列，如图32所示。

图31

图32

03 在【图层】面板的文字图层上单击鼠标右键，从弹出菜单中选择【转换为形状】命令，将文字图层转换为形状图层，如图33所示。

图33

04 按快捷键【Ctrl++】放大画面，选择工具箱中的【钢笔工具】，在选项栏中选择【添加到形状区域】按钮，在文字边缘绘制路径，如图34所示。

图34

05 将画面移动显示最后一个字"岚"，选择【直接选择工具】，在文字上单击鼠标，显示出文字上的锚点，然后使用【删除锚点工具】删除文字上多余的锚点，修改其路径，如图35所示。

图35

06 使用【钢笔工具】在"岚"字后绘制新的路径，如图36所示。

图36

07 路径绘制完成后，双击工具箱中的【抓手工具】，查看画面的完整效果，如图37所示。

图37

5.1.8 制作水波效果

01 单击【图层】面板下方的 ▣ 按钮创建新的图层。选择工具箱中的【矩形选框工具】▢，在画面中拖曳鼠标创建矩形选区，如图38所示。

图38

02 将前景色设置为浅蓝色。按快捷键【Alt+Delete】以前景色填充选区，如图39所示。

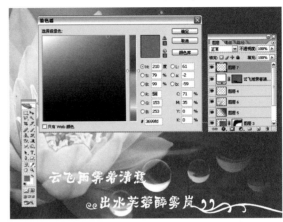

图39

03 选择工具箱中的【移动工具】▶╂，按住【Ctrl+Alt】键拖动选区中的图像，为它创建副本并移动到先前创建的线条下方，如图40所示。

图40

04 重复步骤3的操作，得到3条宽度与间距一致的线条，再按快捷键【Ctrl+D】取消选区，如图41所示。

图41

05 执行菜单【滤镜】→【扭曲】→【波浪】命令，在弹出的【波浪】对话框中设置【生成器数】为1、【波长】最小为118，最大为200、【波幅】为40、【比例】为水平100%，垂直52%，如图42所示。

06 单击【确定】按钮，图中的线条变为波浪形，如图43所示。

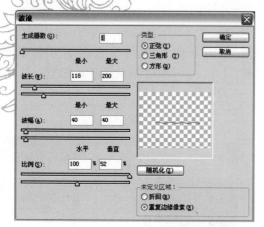

图42

图43

07 单击【图层】面板下方的【添加图层蒙版】按钮 🔲，为水纹所在的图层创建蒙版，如图44所示。

08 选择工具箱中的【渐变工具】🔲，在选项栏中将渐变模式设置为【对称渐变】🔲，并勾选【反向】复选框，如图45所示。

图44

图45

09 从绘制的水波的中心向一端拖动鼠标，通过渐变蒙版使水波的两端呈现渐隐效果，如图46所示。

图46

10 用鼠标在画面中部拖曳出如图47所示的渐变蒙版。

图47

11 选择工具箱中的【移动工具】，将制作完成的水波移动到文字的下方，再单击【图层】面板下方的【添加图层样式】按钮，并在弹出菜单中选择【投影】命令，如图48所示。

图48

12 在弹出的【图层样式】对话框中设置投影效果。设置【混合模式】为【颜色加深】、【不透明度】为100%，【距离】为4像素，【大小】为27像素，如图49所示。然后单击【确定】按钮。

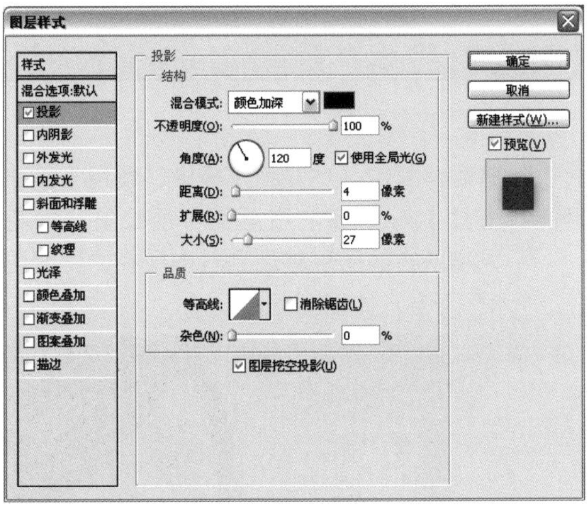

图49

13 选中文字所在的图层，单击【图层】面板下方的【添加图层样式】按钮，在弹出的菜单中选择【投影】命令，如图50所示。

图50

14 在弹出的【图层样式】对话框中设置投影效果，设置【混合模式】为【正片叠底】，颜色为蓝色，【不透明度】为100%，【距离】为11，【扩展】为12%，【大小】为13像素，如图51所示。

15 在【图层样式】对话框中继续选择【渐变叠加】，双击面板中的渐变条，在弹出的【渐变编辑器】中设置渐变为白色至蓝色再到淡蓝色，【样式】为【线性】，【角度】为-70度，如图52所示。

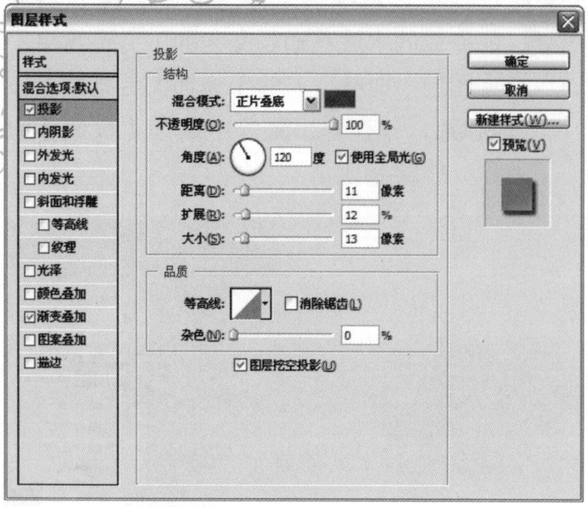

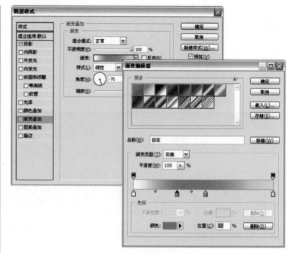

图51

图52

16 单击【确定】按钮，可以看到添加图层样式后的模板效果，如图53所示。

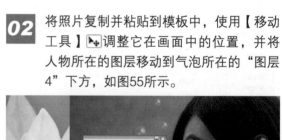

图53

5.1.9 完成画面合成

01 打开附书光盘中提供的素材照片 ● "Chap05/5_06.jpg"，如图54所示。

02 将照片复制并粘贴到模板中，使用【移动工具】调整它在画面中的位置，并将人物所在的图层移动到气泡所在的"图层4"下方，如图55所示。

图54

图55

03 在【图层】面板中将图层混合模式设置为【滤色】，如图56所示。

04 单击【图层】面板下方的【添加图层蒙版】按钮，为人物所在的图层创建蒙版，如图57所示。

图56

图57

05 选择工具箱中的【渐变工具】，在选项栏中将渐变模式设置为【前景到透明】的渐变。然后从照片左边缘向人物轮廓边缘拖动鼠标，如图58所示。

06 释放鼠标后，照片边缘与背景画面很好地融合在一起，如图59所示。

图58

图59

07 参照前面章节中介绍的"Alpha通道法"抠取人物图像，这里直接调用附书光盘中提供的人物素材 "Chap05/5_07.psd"，如图60所示。

08 将人物素材复制粘贴到模板中，并调整位置，如图61所示。

图60

图61

09 单击【图层】面板下方的【添加图层蒙版】按钮 ◘，为人物所在的图层创建蒙版，如图62所示。

10 选择工具箱中的【渐变工具】 ▣，在选项栏中将渐变模式设置为【前景到透明】的渐变。然后从人物的下边缘向上拖曳鼠标，如图63所示。

图62

图63

11 释放鼠标后，即可得到最终的画面合成效果，如图64所示（附书光盘中 ◉ "Chap05/5_01.psd"）。

图64

此模板中右侧的人物图像利用图层混合模式与背景融合，在使用时可以根据所选择的照片多尝试几种混合效果。左侧的人物近照需要精细抠像。在使用模板时，将人物所在的图层删除，再置入新的照片即可。

5.2 柔情天使

本例制作的"柔情天使"选用明亮的蓝天大海作为背景，辅以抽象的花朵装饰，体现出柔美的感觉。对于主体人物，则采用天使羽翼造型呼应主题，如图65所示（ ● "Chap05/5_08.psd"）。

图65

模板中需要两张人物照片配合使用，左侧的人物为抠像图，可以根据不同的人物姿势调整天使羽翼的位置，塑造出不同的效果；右侧建议选择与背景中的蓝色搭配的照片。

本例中的背景元素、花朵形状与天使羽翼都取自素材，重点是如何将它们融合得浑然一体。在前景构图中，则重点介绍使用自定义画笔形状绘制天使羽翼的光芒效果。

5.2.1 创建渐变背景

01 执行菜单【文件】→【新建】命令，在弹出的对话框中将【宽度】设置为2272像素，【高度】设置为1704像素。在【名称】文本框中输入模板主题"柔情天使"，如图66所示。单击【确定】按钮，在工作区建立文件。

02 选择工具箱中的【渐变工具】，并在选项栏中将渐变模式设置为【线性渐变】，如图67所示。

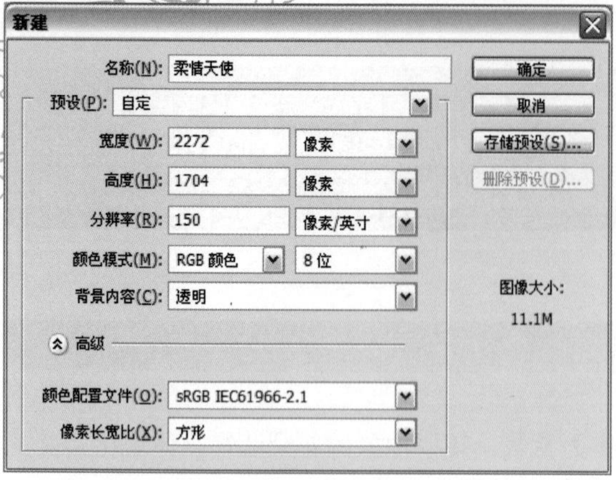

图66

图67

03 在选项栏中的 █████ 上单击鼠标，打开【渐变编辑器】对话框。在图中所示的位置单击鼠标创建渐变编辑点，并设置颜色。将第一个色标值设置为（R：43，G：130，B：184），第二个色标值设置为（R：162，G：235，B：255），如图68所示。设置完成后，单击【确定】按钮。

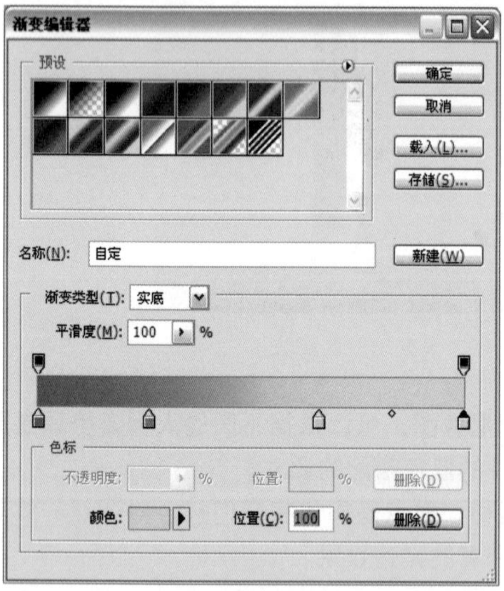

04 按住【Shift】键，从上至下拖曳鼠标，以渐变色填充当前图层，如图69所示。

图68

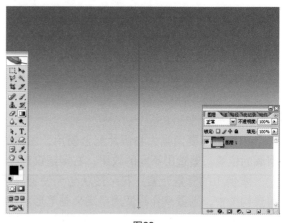

图69

5.2.2 添加水面

01 打开附书光盘中提供的水面素材 ● "Chap05/5_09.psd"，如图70所示。

02 将素材复制并粘贴到模板的工作区，成为"图层2"，并用【移动工具】 将它移动到画面下方，如图71所示。

图70

图71

03 打开附书光盘中提供的水草素材 ◎ "Chap05/5_10.psd"，如图72所示。

04 将素材复制并粘贴到模板的工作区中，成 为"图层3"，使用【移动工具】 将其 移动到画面下方，如图73所示。

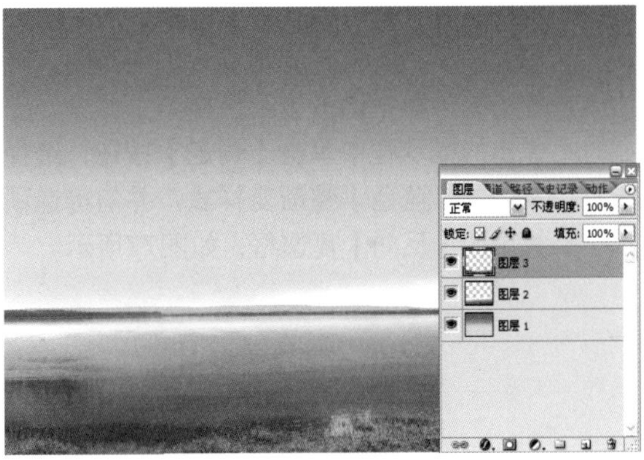

图72

图73

5.2.3 添加云彩

01 打开附书光盘中提供的云彩素材 ◎ "Chap05/5_11.psd"，如图74所示。

图74

02 将素材复制并粘贴到模板的工作区中，然后用【移动工具】▶⊕将其移动到画面上方，如图75所示。

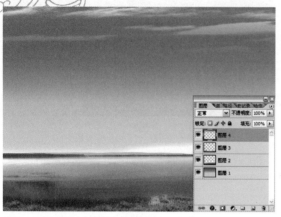

图75

03 在【图层】面板选中云彩所在的"图层4"，将右上角的【不透明度】设置为85%，如图76所示。

图76

04 选择工具箱中的【渐变工具】▣，在选项栏中设置渐变模式为【径向渐变】▣。用鼠标单击渐变样式选项中的▶按钮，在弹出的菜单中选择【杂色样本】命令，在弹出的提示框中单击【确定】按钮，选择其中的【蓝色】▨渐变样式，并勾选选项栏中的【反向】复选框，如图77所示。

图77

5.2.4　制作质感天空

01 选择工具箱中的【渐变工具】▣，并在选项栏中将渐变模式设置为【径向渐变】▣。然后单击渐变样式右侧的▶按钮，在弹出的菜单中选择【杂色样本】命令，在弹出的提示框中单击【确定】按钮。接着选择【蓝色】▨渐变样式，并勾选选项栏中的【反向】复选框，如图78所示。

02 单击【图层】面板下方的【创建新图层】按钮▣，新建"图层5"。用鼠标按照图中所示的位置，从中心向外拖动鼠标，创建径向型渐变填充效果，如图79所示。

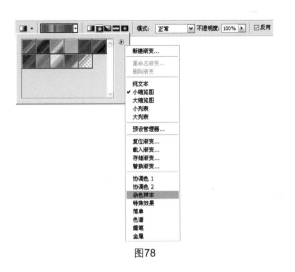

图78

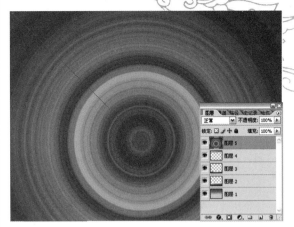

图79

03 执行菜单【滤镜】→【扭曲】→【玻璃】命令，在弹出的【玻璃】对话框中设置【扭曲度】为20，【平滑度】为4，【纹理】为【磨砂】，【缩放】为125%，如图80所示。设置完成后单击【确定】按钮。

04 按快捷键【Ctrl+T】将"图层5"激活为自由变换状态，向上拖曳画面下方中间位置的控制点，使它产生变形，如图81所示。按【Enter】键确认操作。

图80

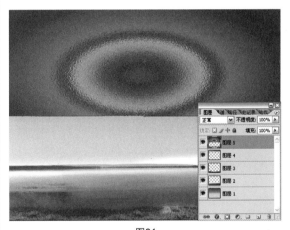

图81

05 选择工具箱中的【矩形选框工具】，在"图层5"的下半部按住并拖动鼠标，创建矩形选区，如图82所示。

06 选择工具箱中的【椭圆选框工具】，按住【Shift】键并拖动鼠标，在先前创建的选区基础上增加椭圆形选区，如图83所示。

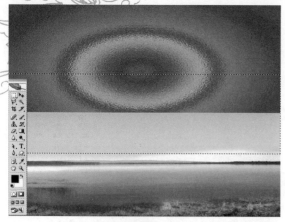

图82

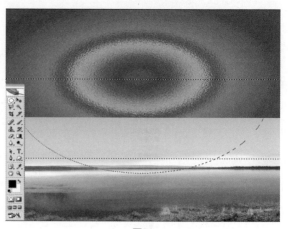

图83

07 执行菜单【选择】→【羽化】命令，在弹出的【羽化选区】对话框中将【羽化半径】设置为100像素，如图84所示。单击【确定】按钮羽化选区。

08 按【Delete】键删除选中的图像，制作出画面弧形的质感天空，如图85所示。

图84

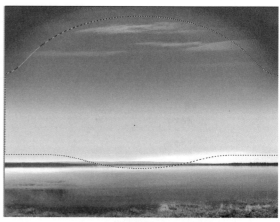

图85

5.2.5 天使羽翼与星光绘制

01 打开附书光盘中提供的图像素材 "Chap05/5_12.psd"，如图86所示。

图86

02 将素材复制并粘贴到模板的工作区中，并用【移动工具】将其移动到画面左上角，如图87所示。

图87

03 按快捷键【Ctrl+N】新建一个【宽度】和【高度】均为110像素，【背景内容】为【透明】的新文件，如图88所示。

图88

04 选择工具箱中的【钢笔工具】，在工作区绘制一个十字图形，如图89所示。

05 在【图层】面板中选中"图层1"，然后切换到【路径】面板。单击面板下方的【用前景色填充路径】按钮，将前景色中的"黑色"填充到路径中。再单击【删除当前路径】按钮，删除路径，如图90所示。

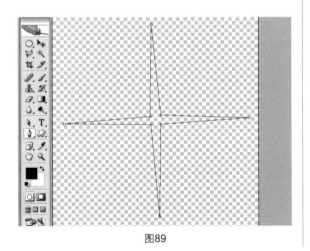

图89

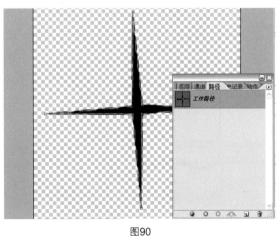

图90

06 按快捷键【Ctrl+A】选中整个图像。执行菜单【编辑】→【定义画笔预设】命令，在弹出的对话框中输入画笔名称"自定义画笔–光芒"，如图91所示。然后单击【确定】按钮。

07 选择工具箱中的【画笔工具】，在选项面板中找到步骤6中所定义的画笔。通常，新定义的画笔位于最下方，如图92所示。

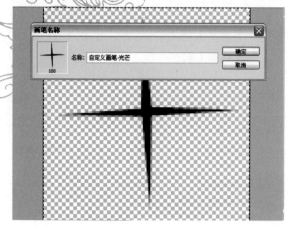

图91

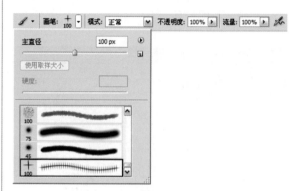

图92

08 单击操作界面右上角的【画笔】选项卡，打开【画笔】面板。选中面板中的【形状动态】选项，设置【大小抖动】为100%，【最小直径】为50%，【圆度抖动】为19%，【最小圆度】为25%，如图93所示。

09 选中【其他动态】选项，设置【不透明度抖动】为40%，并在左侧列表框中选中【平滑】选项，如图94所示。

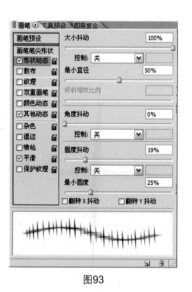

图93

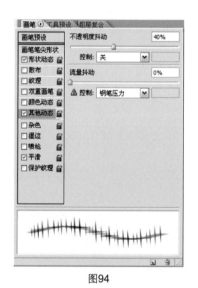

图94

10 单击【图层】面板下方的【创建新图层】按钮，新建"图层7"。将前景色设置为白色，使用【画笔工具】在"图层7"上单击鼠标，绘制羽翼周围的白色光芒，如图95所示。

11 单击【图层】面板下方的【添加图层样式】按钮，在弹出的菜单中选择【投影】命令，如图96所示。

图95

图96

12 在弹出的【图层样式】对话框中设置【混合模式】为【颜色加深】，【不透明度】为72%，【距离】为5像素，【扩展】为0%，【大小】为5像素。然后单击【确定】按钮，为绘制的光芒添加阴影效果，如图97所示。

图97

5.2.6 添加文字和图案

01 打开附书光盘中提供的图像素材"Chap05/5_13.psd"，如图98所示。

02 将素材拖曳到模板的工作区，分别为"图层8"和"标题"图层。使用【移动工具】将它们移动到合适的位置，如图99所示。

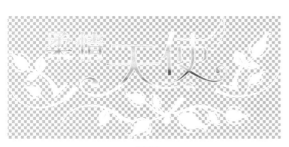

图98

图99

03 用前面章节所介绍的方法分别为"图层8"和"标题"图层添加投影效果，设置【混合模式】为【颜色加深】，【不透明度】为75%，【距离】为4像素，【扩展】为6%，【大小】为24像素，如图100所示。

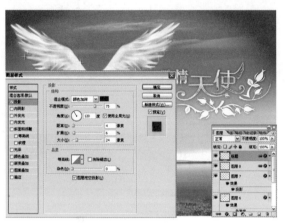

图100

04 将"图层8"拖曳到【图层】面板下方的【创建新图层】按钮上，创建"图层8副本"图层，如图101所示。

图101

05 执行菜单【编辑】→【变换】→【水平翻转】命令，水平翻转"图层8副本"，如图102所示。

图102

06 在【图层】面板中将"图层8副本"的图层混合模式设置为【柔光】，【不透明度】设置为70%，如图103所示。

图103

07 按快捷键【Ctrl+T】将"图层8副本"激活为自由变换状态。按住【Shift】键拖曳四角的控制点，等比放大图像，然后旋转图层，按【Enter】键确认操作，如图104所示。

08 选择工具箱中的【多边形套索工具】，选中高出海平面背景部分的花朵，按【Delete】删除，如图105所示。

图104

图105

5.2.7 制作半透明相框

01 单击【图层】面板下方的【创建新图层】按钮□，新建"图层9"。选择工具箱中的【矩形选框工具】□，在画面右下角拖曳出一个矩形选区，如图106所示。

02 执行菜单【编辑】→【描边】命令，在弹出的【描边】对话框中设置【宽度】为5像素，【颜色】为白色，【位置】为【居外】，如图107所示。

图106

图107

03 将前景色设置为白色。选择工具箱中的【油漆桶工具】，在选项栏中设置【不透明度】为30%，勾选【连续的】复选框。然后在选区中单击鼠标，以30%不透明度的白色填充选区，如图108所示。

04 选择工具箱中的【横排文字工具】T，在画面中拖曳出文本框，并输入文字。在【字符】面板中设置字体为仿宋体，字号为16点，颜色为蓝色，如图109所示。

图108

图109

5.2.8 完成画面合成

01 打开附书光盘中提供的模板文件💿"Chap05/5_14.psd"，如图110所示。

02 参照前面章节中介绍的"Alpha通道法"抠取人物图像。这里直接调用附书光盘中提供的人物素材文件💿"Chap05/5_15.psd"，如图111所示。

图110

图111

03 将照片复制并粘贴到模板中，将其移动到"图层7"的下方，如图112所示。

04 单击【图层】面板下方的【添加图层蒙版】按钮💿，为人物所在的图层创建蒙版，如图113所示。

图112

图113

05 选择工具箱中的【渐变工具】█，在选项栏中将渐变模式设置为【前景到透明】的渐变。然后从图片下边缘向上拖动鼠标，释放鼠标后，图片边缘与背景画面很好地融合在一起，如图114所示。

06 打开附书光盘中提供的素材图片 ⊙ "Chap05/5_16.jpg"，如图115所示。

图114

图115

07 将照片复制并粘贴到模板中成为"图层11"，将其移动到"图层9"下方。按快捷键【Ctrl+T】调出自由变换框，再按住【Shift】键，拖曳照片四角的控制点，将其按比例缩小到与"图层9"的边框近似尺寸，如图116所示。

图116

08 选择工具箱中的【魔棒工具】，在【图层】面板中选择"图层9"，在矩形框中单击鼠标，选中矩形区域，如图117所示。

09 选择照片所在的图层，按快捷键【Ctrl+Shift+I】反选选区，然后按【Delete】删除多余的图像，得到最终的合成效果，如图118所示。

图117

图118

5.3 梦幻花季

　　紫色给人以华贵、神秘、温柔、浪漫、梦幻的感觉，本例制作的模板"梦幻花季"，背景采用花朵虚化成大片的深紫色渐变，配合白色纹理素材，并以代表青春烂漫的粉色调渲染主题文字，是纯女性色彩感觉的专题写真，如图119所示（　"Chap05/5_17.psd"）。

图119

　　模板中有3张人物照片，读者在应用模板时，可将左侧的两个圆形选区内的照片直接替换成新的人物照片即可，右侧留出了相对比较大的空间，可以选择特写、人物全身或半身抠像照片，并以图层蒙版完成画面合成。

5.3.1　制作紫色梦幻背景

01 执行菜单【文件】→【新建】命令，在弹出的对话框中将【宽度】设置为2272像素，【高度】设置为1704像素，在【名称】栏中输入模板主题"梦幻花季"，如图120所示。单击【确定】按钮在工作区建立文件。

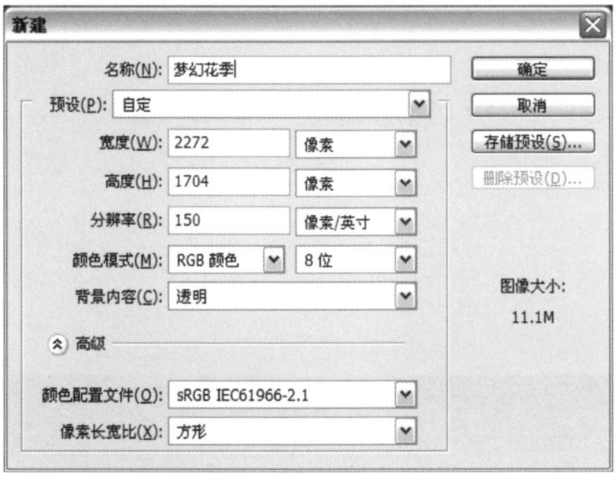

图120

02 打开附书光盘中提供的背景素材文件 ◎ "Chap05/5_18.jpg"，如图121所示。

图121

03 将背景图片复制并粘贴到模板的工作区中成为"图层2"。按快捷键【Ctrl+T】使图层处于自由变换状态，按住【Shift】键，拖动四角的控制点，按比例放大背景，使它铺满整个画面，如图122所示。

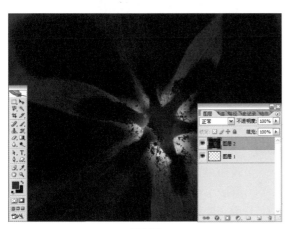

图122

04 执行菜单【编辑】→【变换】→【水平翻转】命令，使画面水平翻转，如图123所示。

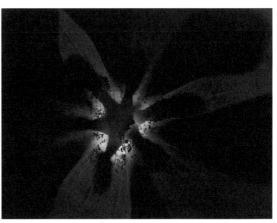

图123

05 执行菜单【滤镜】→【模糊】→【高斯模糊】命令，在弹出的【高斯模糊】对话框中设置【半径】为42像素，单击【确定】按钮，如图124所示。

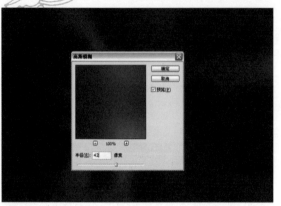

图124

06 选择工具箱中的【渐变工具】■，并在选项栏中将渐变模式设置为【对称渐变】■，如图125所示。

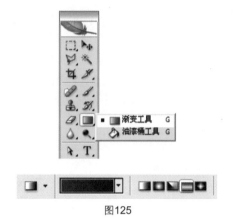

图125

07 将前景色设置为紫色（R：108，G：28，B：78），背景色设置为深紫色（R：38，G：11，B：49）。在【图层】面板中将"图层1"移动到"图层2"的上方，从画面中部向左上角按住并拖动鼠标，创建渐变填充效果，如图126所示。

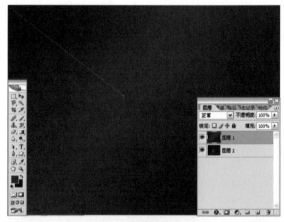

图126

08 单击工具箱下方的【以快速蒙版模式编辑】按钮◎，切换到快速蒙版编辑模式。选择工具箱中的【画笔工具】✐，在选项栏中设置较大尺寸的柔和画笔，并将【不透明度】设置为50%，然后以绘制的方式编辑快速蒙版，如图127所示。

09 单击工具箱下方的【以标准模式编辑】按钮◎，切换回标准编辑模式，将快速蒙版转换为选区。执行菜单【图层】→【图层蒙版】→【隐藏选区】命令，创建图层蒙版，使背景画面隐约显示出来，如图128所示。

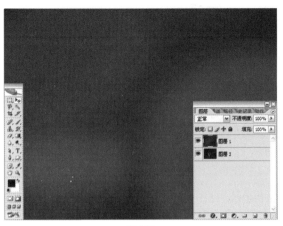

图127

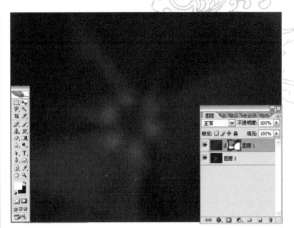

图128

5.3.2 添加白色纹理

01 打开附书光盘中提供的图像素材 ● "Chap05/5_19.psd"，如图129所示。

02 将素材复制并粘贴到模板的工作区，成为 "图层3"，使用【移动工具】将其移动到画面右下角的位置，如图130所示。

图129

图130

03 将"图层3"拖曳到【图层】面板下方的【创建新图层】按钮上，创建"图层3副本"。按快捷键【Ctrl+T】将"图层3副本"激活为自由变换状态，按住【Shift】键用鼠标拖曳图像四角的控制点，按比例缩小。接着，将图像旋转并移动到画面左上角，如图131所示。再按【Enter】键确认变形操作。

04 重复上一步的操作，创建"图层3副本2"，然后以同样的方式将其自由变换缩小、旋转和移动到如图132所示的位置。

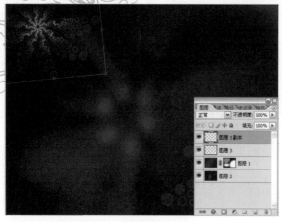

图131

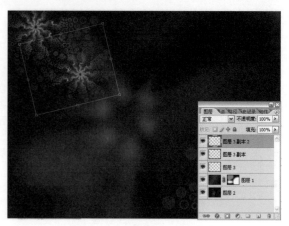

图132

5.3.3　绘制花茎

01 选择工具箱中的【钢笔工具】，在选项栏中按下【形状图层】按钮。在画面的左侧绘制花茎形状的路径，成为"形状1"图层，如图133所示。

02 使用相同的方式绘制另一只花茎，如图134所示。

![图133]

图133

图134

03 打开附书光盘中提供的素材文件 "Chap05/5_19.psd"，如图135所示。

04 在【图层】面板中隐藏背景图层"图层1"。选择工具箱中的【矩形选框工具】，在花纹的中心部分创建选区，如图136所示。

图135

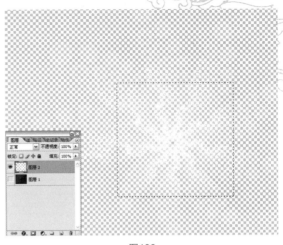

图136

05 执行菜单【编辑】→【定义图案】命令，在弹出的【图案名称】对话框中为图案命名为"白色花纹"，如图137所示。单击【确定】按钮，将选中的花纹定义为图案。

06 切换回"梦幻花季"工作区，在【图层】面板中选中"形状2"图层。单击面板下方的【添加图层样式】按钮，在弹出的菜单中选择【图案叠加】命令，如图138所示。

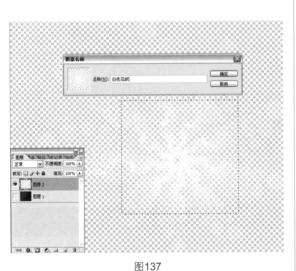

图137

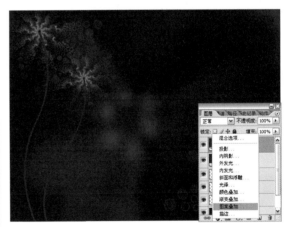

图138

07 在【图层样式】对话框中单击图案缩略图右侧的下三角按钮，在弹出的菜单中选择先前定义的图案"白色花纹"，如图139所示。（鼠标悬停在略图上会显示图案信息及名称，通常新定义的图案排列在略图最后）。

08 将【缩放】设置为50%，然后单击【确定】按钮，将自定义的花纹图案填充到花茎中，使画面效果协调一致，如图140所示。

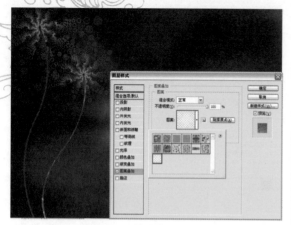

图139

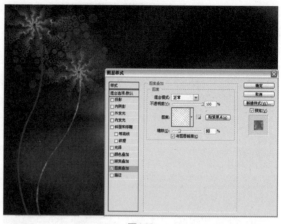

图140

09 接着在【图层】面板中将右上角的【填充】值设置为0%，这样画面中就只显示图层叠加的白色花纹，图层本身的颜色不显示，如图141所示。

10 在"形状2"图层上单击鼠标右键，从弹出的菜单中选择【拷贝图层样式】命令，如图142所示。

图141

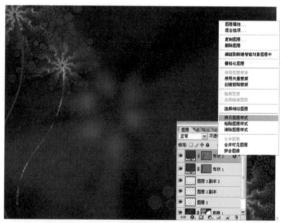

图142

11 选择"形状1"图层，并在该图层上单击鼠标右键，在弹出的菜单中选择【粘贴图层样式】命令，使两个形状图层都显示为花纹，如图143所示。

图143

5.3.4　前景构图与文字特效

01 打开附书光盘中提供的图像素材 "Chap05/5_20.psd"，如图144所示。

02 使用【移动工具】将素材拖曳到"梦幻花季"工作区中成为"图层4"，并将其移动到画面左下角，如图145所示。

图144

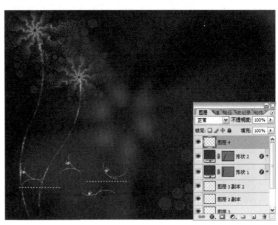

图145

03 选择工具箱中的【横排文字工具】，在画面中用鼠标拖曳出文本框。然后输入"梦"字，在【字符】面板中设置字体为广告体，字号为126点，颜色为与素材相同的粉色。输入完成后，按快捷键【Ctrl+T】调出自由变换框，将鼠标指针置于控制点包围的区域外，按住并拖动鼠标旋转文字，如图146所示。

04 使用相同的方法在画面中输入"幻"字，并旋转文字，如图147所示。

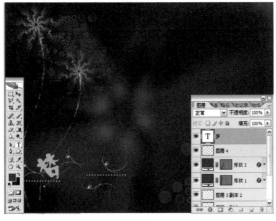

图146

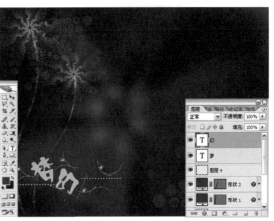

图147

05 在画面中输入"花季"两个字，并在【字符】面板中设置字体为圆幼，字号为37点，然后调整它们的位置，如图148所示。

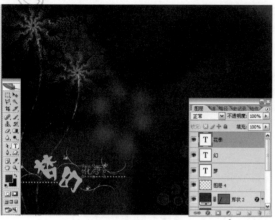

图148

06 在画面中分别输入"梦幻"和"花季"的拼音，在【字符】面板中设置字体为Stencil，字号为22点，再将它们移动到合适的位置，如图149所示。

图149

07 在【图层】面板中选择文字图层"HUA JI"，按住【Shift】键单击文字图层"梦"，选中所有的文字图层。在图层上单击鼠标右键，从弹出的菜单中选择【栅格化文字】命令，将所有文字图层转换为普通图层，如图150所示。

图150

08 再按住【Shift】键单击"图层4"，选中所有文字素材。在图层上单击鼠标右键，从弹出菜单中选择【合并图层】命令，将所有选中的图层合并为"HUA JI"图层，如图151所示。

图151

09 单击【图层】面板下方的【添加图层样式】按钮 ，从弹出的菜单中选择【外发光】命令，如图152所示。

10 在【图层样式】对话框中设置【混合模式】为【正常】，【不透明度】为75%，【颜色】为桃红色（R：248，G：58，B：99），【扩展】为11%，【大小】为18像素。单击【确定】按钮，制作出带有粉红光晕边缘的文字效果，如图153所示。

图152

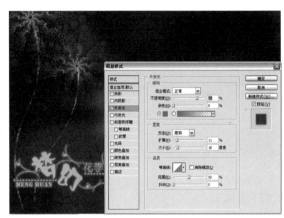

图153

5.3.5 添加照片边框

01 选择工具箱中的【椭圆工具】 ，在选项栏中单击【形状图层】按钮 ，如图154所示。

02 按住【Shift】键拖动鼠标，在画面上绘制正圆形状，在【图层】面板中显示为"形状3"图层。由于先前对"形状1"及"形状2"图层设置了图层样式，此时创建的"形状3"图层也将自动带有相同的图层样式，如图155所示。

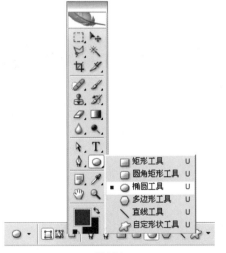

图154

图155

03 按住【Shift】键，再次绘制正圆形状，如图156所示。（此时按住【Shift】键的目的不仅用于绘制正圆，还表示在"形状3"图层中增加形状，如果不按住或者先单击鼠标再按住【Shift】键进行绘制，则创建的是新的形状图层。）

04 在【图层】面板上双击"形状3"图层右侧的【添加图层样式】按钮 ，打开【图层样式】对话框。取消选中【图案叠加】选项，选中【描边】选项，并将描边【大小】设置为5，描边【颜色】设置为桃红色（R：248，G：58，B：99），如图157所示。

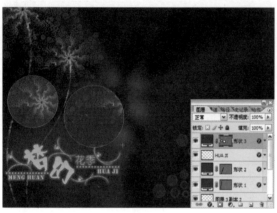

图156

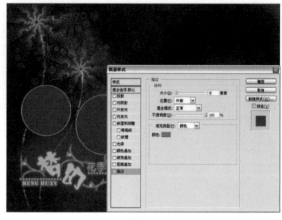

图157

5.3.6 添加横排文字内容

01 选择工具箱中的【横排文字工具】 ，在画面中拖曳出文本框，并输入新的文字。在每行文字前添加空格使文字错落排放，在【字符】面板中设置前3行字号为18点，最后一行字号为32点，字体为超粗宋简，行距均为23点，如图158所示。

02 选择文字所在的图层，单击【图层】面板下方的【添加图层样式】按钮 ，从弹出的菜单中选择【外发光】命令，如图159所示。

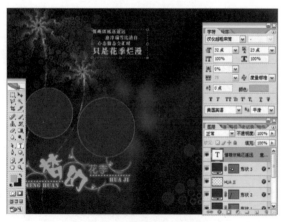

图158

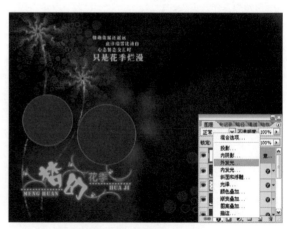

图159

03 在弹出的【图层样式】对话框中设置【混合模式】为【滤色】，【不透明度】为75%，颜色为粉色（R：251，G：179，B：214），【扩展】为11%，【大小】为10像素，如图160所示。然后单击【确定】按钮。

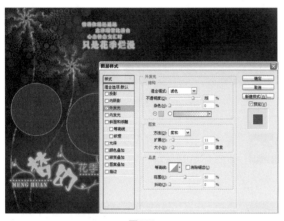

图160

04 接着，在【图层】面板的右上角将文字图层的【填充】值设置为0%，如图161所示。

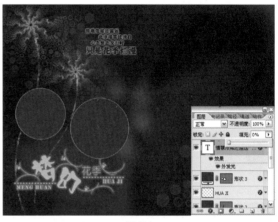

图161

5.3.7　画面合成

01 打开附书光盘中提供的模板文件 "Chap05/5_21.psd"，如图162所示。

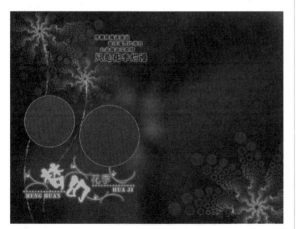

图162

02 打开附书光盘中的人物素材照片 "Chap05/ 5_22.jpg"，如图163所示。

图163

03 将照片复制并粘贴到模板中，成为"图层4"，并将它移动到"图层3"下方。按快捷键【Ctrl+T】将"图层4"激活为自由变换状态，按住【Shift】键，拖动四角的控制点，使图像按比例缩小，如图164所示。

04 执行菜单【编辑】→【变换】→【水平翻转】命令，将照片水平翻转。选择工具箱中的【移动工具】将它移动到画面的右侧，如图165所示。

图164

图165

05 单击【图层】面板下方的【添加图层蒙版】按钮，为人物所在的图层创建蒙版，如图166所示。

06 将"图层4"的混合模式设置为【叠加】，使照片与背景融合，如图167所示。

图166

图167

07 选择工具箱中的【画笔工具】，在选项栏中设置较大尺寸的柔和画笔，然后将前景色设置为黑色，在蒙版上进行涂抹，使人物边缘与背景融合，如图168所示。

图168

08 打开附书光盘中提供的素材照片 ◎ "Chap05/5_23.jpg" 和 ◎ "Chap05/5_24.jpg"，如图169所示。

09 将两张素材照片分别复制、粘贴到模板中，并将它们移动到"形状3"图层的上方，再按快捷键【Ctrl+T】分别调整它们的大小，如图170所示。

图169

图170

10 按住【Ctrl】键单击"形状3"图层的缩览图，载入圆形选区，如图171所示。

11 选择工具箱中的【矩形选框工具】，按住【Alt】键拖动鼠标，减去右侧的圆形选区，使当前图像中只保留左侧的圆形选区，如图172所示。

图171

图172

12 在【图层】面板中选中左侧人物所在的"图层5"，执行菜单【图层】→【图层蒙版】→【显示选区】命令，为当前图层添加蒙版，只显示出选区中的图像，如图173所示。

13 使用相同的方法处理右侧的照片，得到最终的照片合成效果，如图174所示。

图173　　　　　　　　　　　　　　　　图174

提　示

在使用本例的模板时，右侧的人物特写照片可以使用本例中介绍的图层蒙版进行处理，也可以按照前面章节中介绍的方法先对人物进行抠像处理，再复制粘贴到模板中白色花纹"图层3"的下方。在替换模板左侧的两张人物照片时，可以删除"图层5"和"图层6"后按以上介绍的步骤操作；也可以直接按住【Ctrl】键单击【图层】面板上"图层5"和"图层6"的图层缩览图，将相应选区载入进行操作。

5.4　静思幽远

有时候照片或背景素材的画面本身就已经很完美，只需要简单点睛的装饰就能够制作成意境深远的画面效果。本例通过对成品背景素材的再加工，简单地添加一些飘落的花瓣，赋予其"静思幽远"的意境，突出青春浪漫的主题，如图175所示（　"Chap05/5_25.psd"）。本例的制作重点是采用两种不同的方式，为画面绘制和添加飘散的花瓣。

图175

5.4.1 绘制飘散的花瓣

01 打开附书光盘中提供的素材文件 ⦿ "Chap05/5_26.jpg"，如图176所示。

图176

02 单击【图层】面板下方的【创建新图层】按钮⬛，新建"图层1"，如图177所示。

图177

03 选择工具箱中的【套索工具】🄿，在选项栏中将【羽化】设置为0像素，并勾选【消除锯齿】复选框。然后按住并拖动鼠标创建花瓣形的选区，如图178所示。

图178

04 在工具箱下方将前景色设置为白色，按快捷键【Alt+Delete】以前景色填充选区，如图179所示。

图179

05 使用相同的方法在"图层1"中添加新的花瓣，并在【图层】面板中将【不透明度】设置为80%，如图180所示。

06 单击【图层】面板下方的【创建新图层】按钮⬛，在"背景"图层上新建"图层2"。选择工具箱中的【套索工具】，在选项栏中设置【羽化】值为1像素，如图181所示。

图180

图181

07 参照第5~6步的方法，在画面中勾勒出较远的花瓣效果，选区要比前面制作的近景花瓣小一些。由于【羽化】值为1，填充的颜色比较柔和，如图182所示。

08 用同样的方法在"图层2"中勾勒出画面中稍远景的花瓣向右飘落的效果，在【图层】面板的右上角将图层的【不透明度】设置为70%，如图183所示。

图182

图183

5.4.2　添加前景中的花瓣

01 打开附书光盘中提供的花朵及花瓣素材 ⬤ "Chap05/5_27.jpg"，如图184所示。

02 选择工具箱中的【钢笔工具】⬤，在选项栏中按下■按钮，将其设置为路径绘制模式。按快捷键【Ctrl++】放大显示画面。选择画面中的一个花瓣，沿花瓣边缘绘制路径，如图185所示。

图184

图185

03 单击【路径】面板下方的【将路径作为选区载入】按钮 ⊙ ，将路径转换为选区，然后按快捷键【Ctrl+C】复制到剪贴板，如图186所示。

04 切换到"静思幽远"工作区中，按快捷键【Ctrl+V】将花瓣粘贴到画面中，成为"图层3"，如图187所示。

图186

图187

05 执行菜单【图像】→【调整】→【替换颜色】命令，在弹出的【替换颜色】对话框中按下【添加到取样】按钮 ✍ ，在花瓣上单击鼠标吸取要替换的粉色。设置【色相】为–60，【饱和度】为–60，【明度】为40，如图188所示。单击【确定】按钮，如图188所示。

图188

06 按快捷键【Ctrl+T】将"图层3"激活为自由变换状态，按住【Shift】键拖动四角的控制点，按比例调整花瓣的尺寸，并将它移动到合适的位置，如图189所示。设置完成后，按【Enter】键确认变形操作。

07 将"图层3"拖曳到【图层】面板下方的【创建新图层】按钮 上，创建"图层3副本"。按快捷键【Ctrl+T】，拖动控制点调整副本的大小、角度和位置，如图190所示。按【Enter】键确认操作。

图189

图190

5.4.3 制作花朵背景

01 打开附书光盘中提供的花朵及花瓣素材 "Chap05/5_27.jpg"，如图191所示。

02 按快捷键【Ctrl++】放大显示画面，选择工具箱中的【椭圆选框工具】 ，在画面中选中一个完整的花朵，如图192所示。

图191

图192

03 按快捷键【Ctrl+Alt+D】，在弹出的【羽化选区】对话框中将【羽化半径】设置为15像素，如图193所示。单击【确定】按钮，再按快捷键【Ctrl+C】将花朵复制到剪贴板中。

04 切换到"静思幽远"工作区，按快捷键【Ctrl+V】将花瓣粘贴到画面中，并将它移动到合适的位置。在【图层】面板中将【不透明度】设置为80%，如图194所示。

图193

图194

05 将花瓣所在的"图层4"拖曳到【图层】面板下方的【创建新图层】按钮上，创建"图层4副本"。调整它的位置，并将图层【不透明度】设置为90%，如图195所示。

06 用同样的方式再次创建花瓣的副本，将其置于"图层4"的下方，并调整它的位置，将图层【不透明度】设置为60%，如图196所示。

图195

图196

5.4.4　添加文字

01 选择工具箱中的【横排文字工具】T，在画面中拖动鼠标创建文本框，输入文字"静思幽远"，如图197所示。

02 选中文字，在【字符】面板中设置字体为华文行楷，字号为72点，颜色为与背景天空同样的蓝色，如图198所示。

图197

图198

03 将文字移动到花朵背景的位置，单击【图层】面板下方的【添加图层样式】按钮，从弹出的菜单中选择【外发光】命令，如图199所示。

04 在【图层样式】对话框中设置【混合模式】为【滤色】，【不透明度】为75%，【颜色】为白色，【扩展】为20%，【大小】为8像素，如图200所示。

图199

图200

05 参照前面章节所介绍的方法，在画面上方输入文字。并设置文字字体为黑体，大小为12点，行距为24点，颜色为黑色，如图201所示。

06 再用同样的方式为文字图层添加外发光效果，如图202所示。

图201

图202

5.4.5 画面合成

01 打开附书光盘中提供的模板文件 "Chap05/5_28.psd"，如图203所示。

02 参照前面章节介绍的 "Alpha通道法" 抠取人物图像。这里直接调用附书光盘中提供的人物素材 "Chap05/5_29.psd"，如图204所示。

图203

图204

03 将人物复制、粘贴到模板中，并将它置于"图层2"和"图层3"之间，如图205所示。

04 按快捷键【Ctrl+T】，拖动控制点调整人物的大小及位置，完成最终的画面合成效果，如图206所示。

图205

图206

提 示

本模板没有制作固定的照片边框，可以根据照片中人物的姿势和角度灵活应用，两个前景花瓣图层"图层3"和"图层3副本"可做为前景装饰进行位置调整。在使用此模板时，将模板中原有的人物"图层5"删除，置入新的人物照片即可。

Photoshop 中文版

数码照片修饰技巧与创意宝典

第6章 儿童照片处理

　　童年是多彩的，童年是梦幻的，童年是快乐的，多数家长都会为可爱的小宝贝们珍藏下成长记录的照片。那么如何将儿童的数码照片制作成精美的艺术照呢？本章中将根据各种儿童数码照片的特色，介绍几种模板的制作和使用方法。

6.1　小鬼当家

　　本例中以"小鬼当家"为主题，采用蓝色背景，活泼轻快的星形装饰，适合各年龄段的儿童使用，如图1所示（ ⚫ "Chap06/6_01.psd"）。模板中共有4张照片，右侧为3张星形照片，适合放置儿童的大头照，展示各种不同的俏皮表情，左侧则可用抠像照片或渐变蒙版照片。

图1

　　本模板的重点是绘制星形装饰框，在操作过程中将采用【多边形工具】 ◉ ，对创建出的形状图层加以整合编辑。形状是链接到矢量蒙版的填充图层，通过编辑形状的填充图层，可以很容易地将填充更改为其他颜色、渐变或图案。 也可以编辑形状的矢量蒙版以修改形状轮廓，并在图层上应用样式。

6.1.1　绘制星形图形

01 执行菜单【文件】→【新建】命令，在弹出的对话框中设置【宽度】为2272像素，【高度】为1704像素，在【名称】栏中输入模板主题"小鬼当家"，然后单击【确定】按钮，如图2所示。

图2

02 打开附书光盘中提供的素材照片
"Chap06/6_02.jpg"，并将它复制、
粘贴到先前创建的模板文件中，并将其
调整到与文件大小一致，如图3所示。

03 选择工具箱中的【多边形工具】，单
击选项栏中【自定形状工具】右侧的下
三角按钮，在弹出的面板中选中【平
滑拐角】、【星形】、【平滑缩进】选
项，并将【缩进边依据】设置为30%，
如图4所示。

图3

图4

04 在工具箱中设置前景色为淡蓝色，在画面
上按住并拖动鼠标，绘制出如图5所示的
星形图形。

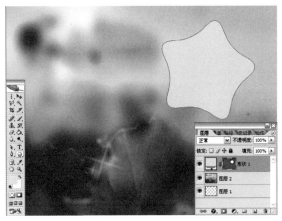

图5

6.1.2　为星形图形描边

01 按住【Ctrl】键单击【图层】面板中"形
状1"的缩览图，载入星形选区。再单击
面板下方的【创建新图层】按钮，新建
"图层3"，并将其置于"图层2"与"形
状1"之间，如图6所示。

02 执行菜单【编辑】→【描边】命令，在
弹出的【描边】对话框中设置【宽度】
为4像素，【颜色】为深蓝色，【位置】
为【居外】，【不透明度】为100%，如
图7所示。然后单击【确定】按钮为选区
描边。

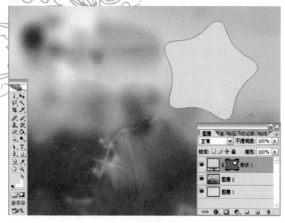

图6

图7

03 执行菜单【选择】→【修改】→【扩展】命令，在弹出的对话框中将【扩展量】设置为10像素，如图8所示。单击【确定】按钮将选区向外扩展。

04 再次执行菜单【编辑】→【描边】命令，设置【宽度】为5像素，【不透明度】为80%，单击【确定】按钮为扩展后的选区描边，如图9所示。

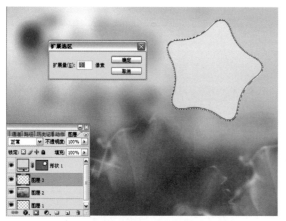

图8

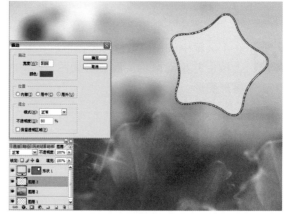

图9

05 用同样的方式将选区再次扩展10像素，并以【宽度】6像素，【不透明度】60%描边，如图10所示。

图10

6.1.3 进一步丰富图案效果

01 在【图层】面板中选择"图层3"，单击面板下方的【添加图层样式】按钮 ，在弹出的菜单中选择【外发光】命令，如图11所示。

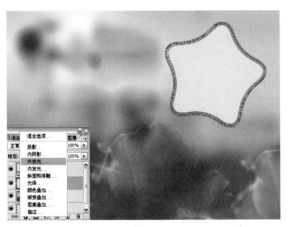

图11

02 在弹出的【图层样式】对话框中设置【混合模式】为【滤色】，【不透明度】为75%，颜色为白色，【扩展】为10%，【大小】为40像素，如图12所示。设置完成后单击【确定】按钮。

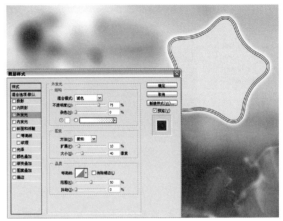

图12

03 按住【Ctrl】键在"形状1"和"图层3"上单击鼠标，使它们同时被选中。再单击【图层】面板右上角的 按钮，从弹出菜单中选择【合并图层】命令，将它们合并为"形状1"图层，如图13所示。

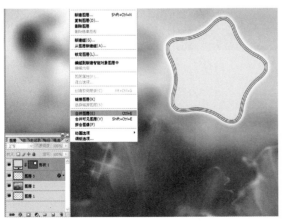

图13

04 将合并后的"形状1"图层拖曳到【图层】面板下方的【创建新图层】按钮 上，创建"形状1副本"图层。按快捷键【Ctrl+T】，再按住【Shift】键拖动控制点调整副本的大小、角度和位置，按【Enter】键确认，制作出一个新的星形图形，如图14所示。

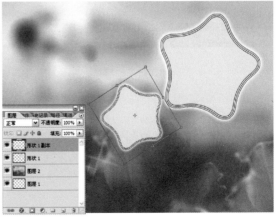

图14

05 使用同样的方式再制作一个更小的星形图形，如图15所示。

06 选择工具箱中的【多边形工具】，在选项栏中设置【边】为5，【缩进边依据】为20%；取消选中【平滑拐角】及【平滑缩进】复选框；选中【星形】复选框，如图16所示。

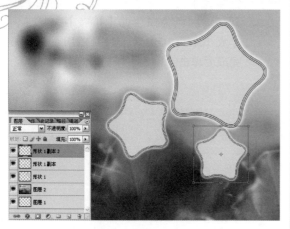

图15

图16

07 将前景色设置为白色，按住并拖动鼠标绘制白色的尖角星形图案，成为"形状2"图层，如图17所示。

08 按照前面章节介绍的方法打开【图层样式】对话框，为"形状2"图层设置外发光效果，如图18所示。

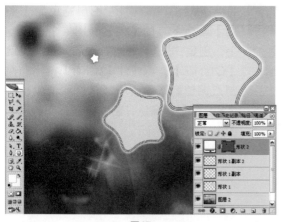

图17

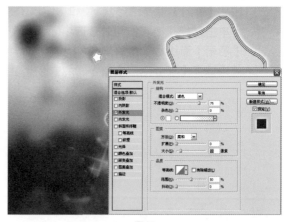

图18

09 为"形状2"图层创建6个副本图层，并旋转、缩小、调整它们的位置和不透明度，如图19所示。

10 在【图层】面板中选择"形状2"图层，按住【Shift】键，单击最上面的"形状2副本6"，将全部白色星形图层选中，再按快捷键【Ctrl+E】将它们合并为"形状2副本6"图层，如图20所示。

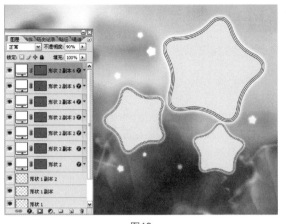

图19

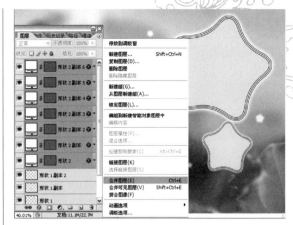

图20

11 根据需要在选项栏中定义【多边形工具】⬤的属性，以相同的方法在画面上绘制出其他星形图案，如图21所示。

图21

6.1.4 添加标题

01 选择工具箱中的【横排文字工具】Ⓣ，在画面中按住并拖动鼠标创建文本框，然后输入标题"小鬼家"，"鬼"字与"家"字之间空3个空格，如图22所示。

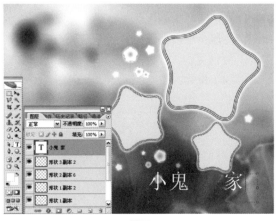

图22

02 选中输入的文字，在【字符】面板中将字体设置为经典趣体简，字号为100点，颜色为白色，如图23所示。

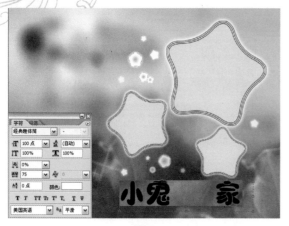

图23

03 在画面中输入新的文字"当"字，并在【字符】面板中将字号设置为150点，如图24所示。

图24

04 按快捷键【Ctrl+T】调出自由变换框，将鼠标指针置于控制框区域外，按住并拖动鼠标调整文字的角度，如图25所示。

图25

6.1.5 添加文字特效

01 在【图层】面板中选择"小鬼家"所在的图层，单击面板下方的【添加图层样式】按钮 ，在弹出的菜单中选择【渐变叠加】命令，如图26所示。

图26

02 在弹出的【图层样式】对话框中设置渐变叠加属性：单击渐变色条右侧的▼按钮，在渐变列表中选择【红色、绿色】的渐变■；选中【反向】复选框，设置【样式】为【线性】，【角度】为90度，如图27所示。

03 在对话框左侧选中【描边】选项，然后将【大小】设置大小为14像素，【颜色】为白色，如图28所示。

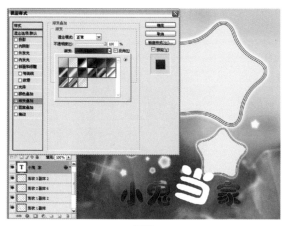

图27

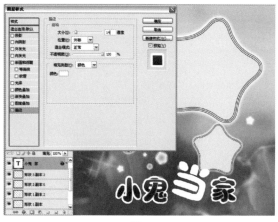

图28

04 在对话框左侧选中【投影】选项，设置【混合模式】为【正片叠底】，颜色为黑色，【距离】为30像素，【大小】为40像素，如图29所示。

05 使用同样的方式为文字"当"所在的图层设置图层样式：投影和描边与"小鬼家"图层一致，渐变叠加的色彩修改为【蓝色、红色、黄色】■，如图30所示。

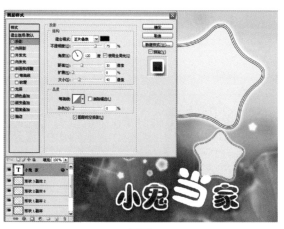

图29

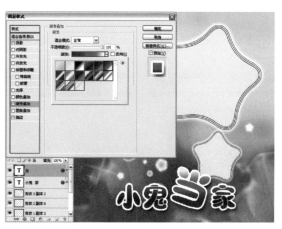

图30

6.1.6　画面合成

01 打开附书光盘中提供的模板文件 ● "Chap06/6_03.psd"，如图31所示。

02 参照前面章节中介绍的方法去除人物背景，这里直接调用附书光盘中提供的人物素材文件 ● "Chap06/6_04.psd"，如图32所示。

图31

图32

03 将背景透空的人物拖曳到模板中，并置于 "图层2"的上方。按快捷键【Ctrl+T】，按住【Shift】键拖动控制点，将它调整到合适大小，再按【Enter】键确认变形操作。

04 单击【图层】面板下方的【添加图层蒙版】按钮 ，为人物所在的图层创建蒙版，如图34所示。

图33

图34

05 选择工具箱中的【渐变工具】▣，在选项栏中将渐变模式设置为【前景到背景】的渐变。按如图35所示的位置向照片右侧边缘拖动鼠标，使人物边缘与背景融合。

06 打开附书光盘中提供的宝宝表情素材照片 ◎ "Chap06/6_05.jpg"、◎ "Chap06/6_06.jpg"和◎ "Chap06/6_07.jpg"，如图36所示。

图35

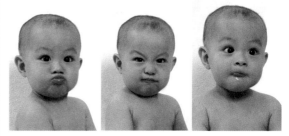

图36

07 将照片分别拖曳到模板中，再按快捷键【Ctrl+T】，拖动控制点分别调整它们的大小和位置，如图37所示。

08 单击【图层】面板下方的【添加图层蒙版】按钮▢，为照片所在的图层创建蒙版，如图38所示。

图37

图38

09 选择工具箱中的【画笔工具】✎，在选项栏中设置较大尺寸的柔和画笔，然后将前景色设置为黑色，在蒙版上进行涂抹，使照片的边缘与背景融合，如图39所示。

10 用相同的方式处理另外两张照片，使它置于星形框的合适位置，完成最终的画面合成，如图40所示。

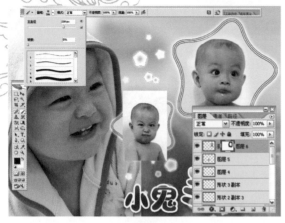

图39   图40

提 示

在处理右侧星形框中的照片时，也可以先将照片复制到剪贴板，按住【Ctrl】键单击星形框，将其所在的图层载入选区，然后按快捷键【Ctrl+Shift+V】直接将照片贴入星形框。再按快捷键【Ctrl+T】调整照片的大小。这样，就可以不编辑蒙版，制作出照片本身的背景填充星形框的效果。

6.2 梦幻天使

梦到了向往已久的迪斯尼，那里有可爱的米老鼠，同它们一起开心地玩耍、唱歌、跳舞，在梦境中实现了心中的梦想……孩子的梦境中有着奇幻的色彩，本例以梦境为主题，以黑夜中的迪斯尼乐园为背景，配以文字和星星的装饰制作出一张富有奇幻色彩的儿童照片模板，如图41所示（ ● "Chap06/6_08.psd"）。模板中只有左上角一张照片位置，适合使用儿童的近景照片。

图41

6.2.1 添加文字

01 打开附书光盘中提供的素材文件 "Chap06/6_09.jpg"，如图42所示。

02 选择工具箱中的【横排文字工具】T，按住并拖动鼠标创建文本框，然后输入要添加的文字内容，如图43所示。

图42

图43

03 选中所有的文字，在【字符】面板中设置字体为文鼎花瓣体，字号为18点，字距为75，颜色为白色，如图44所示。

04 选择工具箱中的【横排文字工具】T，在画面中单击鼠标输入模板标题"梦境"。然后在【字符】面板中设置合适的字体、字号，如图45所示。

图44

图45

6.2.2 绘制空心五角星

01 选择工具箱中的【多边形工具】○，在选项栏中设置【边】为5，取消【平滑拐角】的勾选，选中【星形】复选框，设置【缩进边依据】为50%，如图46所示。

图46

02 在工具箱中设置前景色为白色，按住并拖动鼠标绘制一个五角星图案，成为"形状1"图层，如图47所示。

03 按快捷键【Ctrl++】数次放大画面显示，在选项栏中单击【从形状区域减去】按钮。在画面中绘制一个稍小的五角星。绘制过程中，直接拖动鼠标可以调整星形的角度和大小，按住空格键拖动鼠标则可以调整星形的位置，如图48所示。

图47

图48

04 绘制完成后，释放鼠标，即可得到中心透空的五角星。再在【图层】面板中将它的【不透明度】设置为90%，如图49所示。

图49

05 用同样的方式绘制另外两种透空星形图案。在绘制五边形时，取消选中【平滑拐角】和【星形】选项，如图50所示。

06 绘制大角五星时，设置【边】为5，取消勾选【平滑拐角】，选中【星形】选项，设置【缩进边依据】为30%，如图51所示。

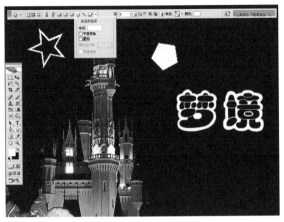

图50

图51

07 绘制完成后，按快捷键【Ctrl+0】显示整个画面，再在【图层】面板中将"形状2"图层的【不透明度】设置为60%，"形状3"图层的【不透明度】设置为80%，如图52所示。

图52

6.2.3　画面合成

01 打开附书光盘中提供的预先制作好的模板文件◎ "Chap06/6_10.psd"，如图53所示。

图53

02 打开附书光盘中提供的人物素材 "Chap06/6_11.jpg"，如图54所示。

03 将人物素材拖曳到模板中，成为"图层 1"，如图55所示。

图54

图55

04 选择工具箱中的【自定形状工具】，在选项栏中单击【路径】按钮，以路径模式绘制，再选择【红桃】形状，如图56所示。

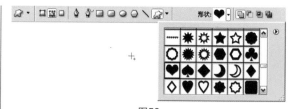

图56

05 在人物的头像上按住并拖动鼠标，绘制出如图57所示的心形路径。

06 单击【路径】面板下方的【将路径作为选区载入】按钮，将路径转换为选区，如图58所示。

图57

图58

07 按快捷键【Ctrl+Alt+D】打开【羽化】对话框，将【羽化半径】设置为20像素，单击【确定】按钮羽化选区，如图59所示。

08 执行菜单【图层】→【图层蒙版】→【显示选区】命令，以当前定义的选区为照片添加蒙版，使画面只显示出选区中的内容，如图60所示。

图59

图60

09 按快捷键【Ctrl+T】调出自由变换框，拖动控制点调整人物照片的大小、位置和角度，得到最终的画面合成效果，如图61所示。

图61

6.3 成长日记

　　本例制作的"成长日记"是一款幼儿卡通风格的数码照片模板，采用了大量的幼儿卡通形象素材。模板中一共有3个照片位置，可放置从小到大不同成长阶段的照片，如图62所示（ ● "Chap06/6_12.psd"）。

最终效果

图62

6.3.1　通过定义图案平铺背景

01 执行菜单【文件】→【新建】命令，在弹出的对话框中设置【宽度】为1575像素，【高度】为1181像素，在【名称】栏中输入模板主题"成长日记"。单击【确定】按钮，如图63所示。

02 打开附书光盘中提供的素材图片"Chap06/6_13.jpg"，如图64所示。

图63

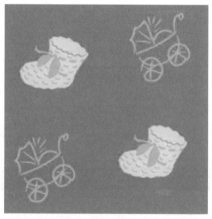

图64

03 按快捷键【Ctrl+A】选中整个图像，执行菜单【编辑】→【定义图案】命令，在弹出的对话框中输入图案的名称为"0503"，如图65所示。单击【确定】按钮，将当前图像定义为图案。

04 切换到模板工作区，执行菜单【编辑】→【填充】命令，在弹出的【填充】对话框中设置【使用】为【图案】，并在【自定图案】下拉列表中选择先前定义的图案。单击【确定】按钮，以指定的图案铺满当前图层，如图66所示。

图65

图66

6.3.2 进一步修饰背景

01 选择工具箱中的【矩形选框工具】，按住并拖动鼠标创建如图67所示的选区。单击【图层】面板下方的【创建新图层】按钮，新建"图层2"。

02 将前景色设置为浅蓝色（R：212，G：235，B：250）。按快捷键【Ctrl+Shift+I】反选选区，再按快捷键【Alt+Delete】以前景色填充选区，如图68所示。按快捷键【Ctrl+D】取消选区。

图67

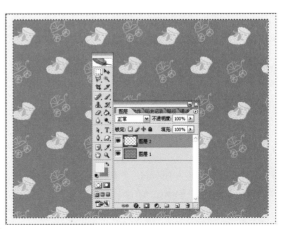

图68

03 在【图层】面板中选择"图层1",选择工具箱中的【移动工具】，移动背景图层，使画面的上部、左侧、右侧均显示出完整的图案，如图69所示。

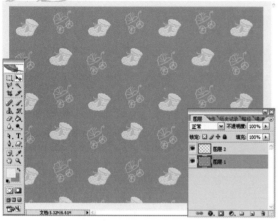

图69

04 选择工具箱中的【多边形套索工具】，选中画面中心和底部的图案，如图70所示。

图70

05 将前景色设置为背景中的蓝色（R：20，G：175，B：231），在【图层】面板中选择"图层1"，按快捷键【Ctrl+Delete】以背景色填充选区，如图71所示。再按快捷键【Ctrl+D】取消选区。

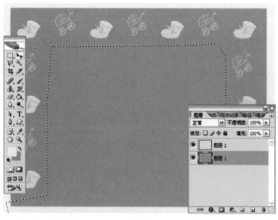

图71

06 选择工具箱中的【画笔工具】，在选项栏中设置画笔【主直径】为100像素，【硬度】为0%，如图72所示。

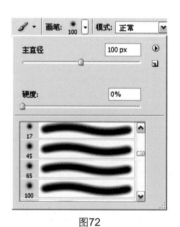

图72

07 执行菜单【窗口】→【画笔】命令，打开【画笔】面板，选中面板左侧的【形状动态】选项，设置【大小抖动】为100%，如图73所示。

08 接着，选中左侧的【散布】选项，设置【散布】的【两轴】为1000%，【数量】为1，如图74所示。

图73

图74

09 选中左侧的【其他状态】选项，设置【不透明度抖动】为100%，如图75所示。

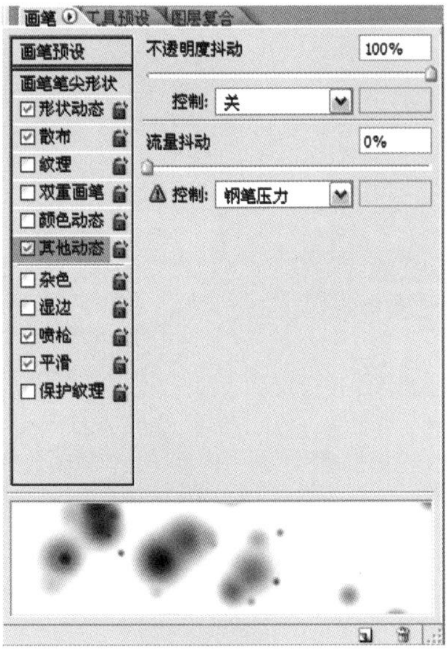

10 切换到模板工作区，单击【图层】面板下方的【创建新图层】按钮，新建"图层3"。将前景色设置为白色，用鼠标在画面中随意单击，绘制出自然分布的白点，如图76所示。

图75

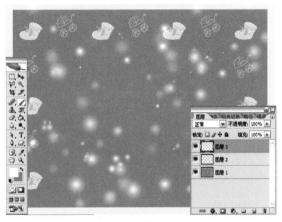

图76

11 在【图层】面板中选择"图层3"，将它的【不透明度】设置为80%，如图77所示。

12 打开附书光盘中提供的卡通素材 ◉ "Chap06/6_14.psd"。将其拖曳到模板中，并调整它在画面中的位置，如图78所示。

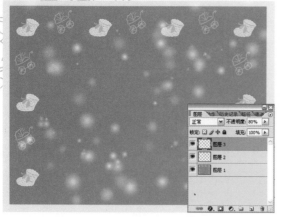

图77

图78

6.3.3　添加相框

01 打开附书光盘中提供的相框素材 💿 "Chap06/6_15.psd"，如图79所示。

02 将相框拖曳到模板中，并移动到合适的位置。单击【图层】面板下方的【添加图层样式】按钮 **f**，在弹出的菜单中选择【外发光】命令，如图80所示。

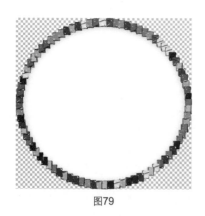

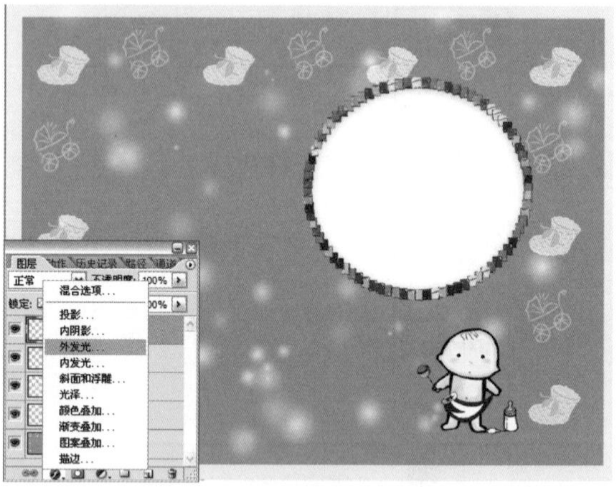

图79

图80

03 在弹出的【图层样式】对话框中设置【混合模式】为【滤色】，颜色为白色，【扩展】为0%，【大小】为30像素，如图81所示。单击【确定】按钮，为相框添加外发光效果。

04 将"图层5"拖曳到【图层】面板下方的【创建新图层】按钮 上，创建"图层5副本"。按快捷键【Ctrl+T】调出自由变换框，拖动控制点调整它的大小和位置，如图82所示。调整完成后，按【Enter】键确认操作。

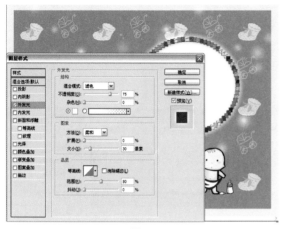

图81

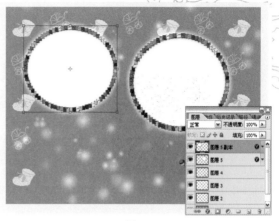

图82

05 用同样的方式再次创建副本，并调整大小和位置，使画面上出现3个相框，如图83所示。

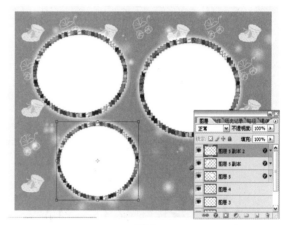

图83

6.3.4 添加卡通图案

01 打开附书光盘中提供的卡通图案素材 🌐 "Chap06/6_16.jpg"，如图84所示。

图84

02 执行菜单【选择】→【色彩范围】命令，打开【色彩范围】对话框。用鼠标在素材的黑色区域单击鼠标，吸取要选取的色彩。然后设置较大的【颜色容差】值，如图85所示。设置完成后，单击【确定】按钮选中图案。

03 将选中的太阳图案拖曳到模板中，再将前景色设置为白色，按快捷键【Alt+Delete】以白色填充图案，如图86所示。

图85

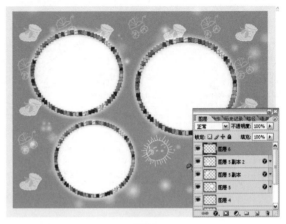

图86

04 打开附书光盘中提供的另外几张素材图片
"Chap06/6_17.jpg"、 "Chap06/
6_18.jpg"和 "Chap06/6_19.jpg"，
如图87所示。

图87

05 使用相同的方法，将它们分别选取并粘贴
到模板中，如图88所示。

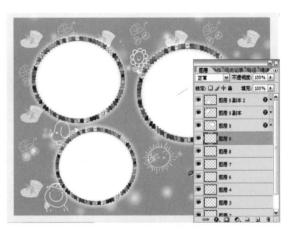

图88

6.3.5 制作标题

01 打开附书光盘中提供的素材图片
"Chap06/6_20.psd"，如图89所示。

图89

02 将素材拖曳到模板的工作区中，然后选择工具箱中的【横排文字工具】 T ，在画面中输入标题文字"成"，并设置合适的字体、字号和颜色，如图90所示。

图90

03 用同样的方法输入其他文字，然后在【图层】面板中选择"日记"所在的文字图层，单击面板下方的【添加图层样式】按钮 ，在弹出的菜单中选择【外发光】命令，如图91所示。

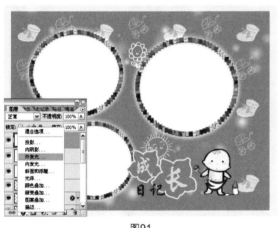

图91

04 在弹出的【图层样式】对话框中设置【混合模式】为【滤色】，颜色为白色，【扩展】为9%，【大小】为24像素，如图92所示。设置完成后单击【确定】按钮。

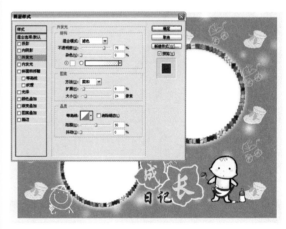

图92

6.3.6　画面合成

01 打开附书光盘中提供的模板文件 "Chap06/6_21.psd"，如图93所示。

02 打开附书光盘中提供的照片素材 "Chap06/6_22.jpg"，如图94所示。按快捷键【Ctrl+A】选中整个照片，再按快捷键【Ctrl+C】将它复制到剪贴板中。

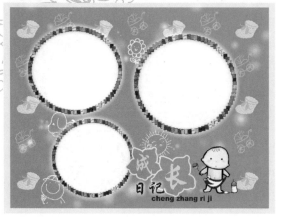

图93

图94

03 选择工具箱中的【魔棒工具】 ，在选项栏中将【容差】设置为30，选中【消除锯齿】和【连续】选项，取消选中【对所有图层取样】选项，如图95所示。

04 在【图层】面板中选择"图层5"，在相框的白色区域单击鼠标，将其选中。按快捷键【Ctrl+Alt+D】，在弹出的【羽化选区】对话框中将【羽化半径】设置为20像素，如图96所示。

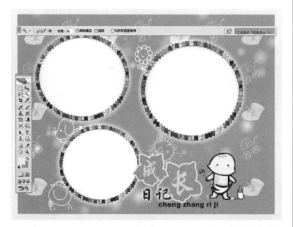

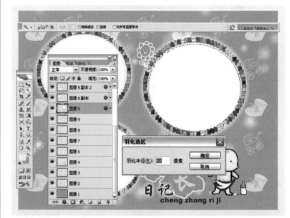

图95

图96

05 按快捷键【Ctrl+Shift+V】将先前复制的照片粘贴到选区中，再按快捷键【Ctrl+T】调出自由变换框，拖动控制点调整照片的大小和位置，如图97所示。

图97

06 打开附书光盘中提供的其他照片素材 ⊙"Chap06/6_23.jpg"和⊙"Chap06/6_24.jpg"，用相同的方法在相框中创建选区，并将照片粘贴到相框中，完成画面合成，最终效果如图98所示。

图98

6.4 粉红小公主

　　儿童服装通常比较鲜艳，粉色更是常见的颜色。本例将制作一款粉色调的女孩照片模板"粉红小公主"。模板采用圣诞装饰素材，制作出带有童话梦幻色彩效果，如图99所示（⊙"Chap06/6_25.psd"）。模板中共有3个照片位置，左侧适合放置人物抠像或图层叠加效果，右侧是两个矩形照片位置，直接贴入照片即可。制作过程中主要应用了滤镜及图层蒙版制作不规则柔化的梦幻背景效果。

最终效果

图99

6.4.1 制作梦幻背景效果

01 执行菜单【文件】→【新建】命令，在弹出的对话框中设置【宽度】为2272像素，【高度】为1704像素，在【名称】栏中输入模板主题，如图100所示。单击【确定】按钮新建文件。

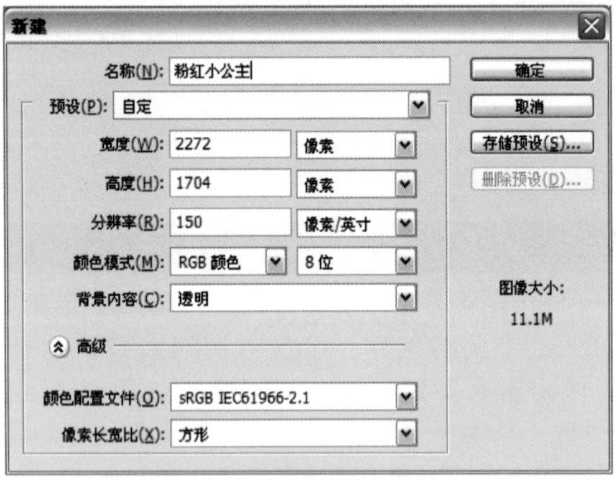

02 在工具箱中将前景色设置为淡粉色（R：253，G：236，B：249），背景色设置为粉色（R：254，G：158，B：231）。选择【渐变工具】，在选项栏中设置【前景到背景】的渐变，并按下【对称渐变】按钮。在图101所示的位置从左向右拖动鼠标，创建渐变背景。

图100

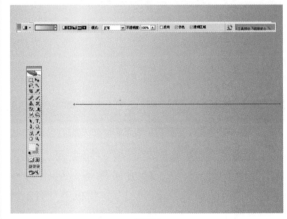

图101

03 选择工具箱中的【矩形选框工具】，在画面中按住并拖动鼠标创建矩形选区。再按快捷键【Ctrl+Alt+D】，在弹出的对话框中将【羽化半径】设置为80像素，如图102所示。单击【确定】按钮羽化选区。

04 将前景色设置为深粉色（R：227，G：31，B：156），单击【图层】面板下方的【创建新图层】按钮，新建"图层2"。按快捷键【Ctrl+Shift+I】反选选区，再按快捷键【Alt+Delete】以前景色填充选区，如图103所示。按快捷键【Ctrl+D】取消选区。

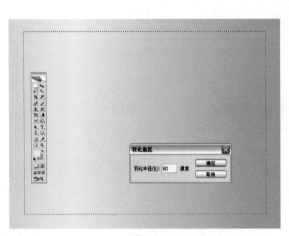

图102

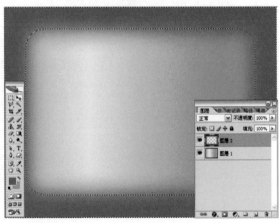

图103

05 单击【图层】面板下方的【添加图层蒙版】按钮 ▭，为当前图层创建蒙版。再执行菜单【滤镜】→【渲染】→【云彩】命令，为蒙版添加云彩效果，制作出柔和的梦幻边缘，如图104所示。

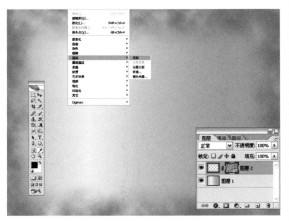

图104

06 选择工具箱中的【画笔工具】 ✎，在选项栏中设置【主直径】为400像素，【硬度】为0%，如图105所示。

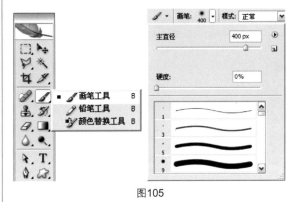

图105

07 切换到【通道】面板，单击"图层2蒙版"前的 ▢ 标记，将它显示出来。然后，将前景色设置为黑色，在画面上涂抹，编辑蒙版的边缘，如图106所示。

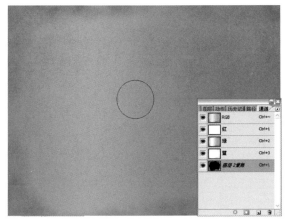

图106

08 再次单击"图层2蒙版"前的 ● 标记，将其隐藏，就创建出了不规则边缘的梦幻背景，如图107所示。

图107

6.4.2 添加动感相框

01 选择工具箱中的【矩形选框工具】 ⬚ ，在画面中拖动鼠标创建矩形选区，如图108所示。

02 单击【图层】面板下方的【创建新图层】按钮 ⬚ ，新建"图层3"。将前景色设置为白色，按快捷键【Alt+Delete】以前景色填充选区，如图109所示。

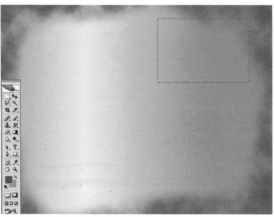

图108

图109

03 单击【图层】面板下方的【添加图层样式】按钮 ⬚ ，在弹出的菜单中选择【描边】命令。在弹出的【图层样式】对话框中，设置描边【大小】为8像素，【颜色】为深粉色，如图110所示。

04 接着，选中对话框左侧的【外发光】选项，设置【扩展】为15%，【大小】为57像素，如图111所示。设置完成后单击【确定】按钮。

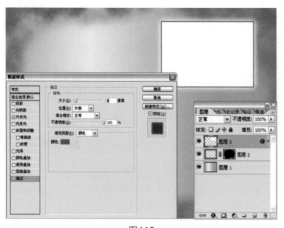

图110

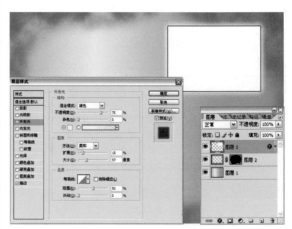

图111

05 单击【图层】面板下方的【创建新图层】按钮■，新建"图层4"，并将其移动到"图层3"下方。按住【Ctrl】单击"图层3"的缩略图，将"图层3"载入选区，如图112所示。

06 将前景色设置为深粉色，按快捷键【Alt+Delete】以前景色填充选区，再按快捷键【Ctrl+D】取消选区。接着，执行菜单【滤镜】→【模糊】→【动感模糊】命令，设置【角度】为0度，【距离】为450像素，单击【确定】按钮，制作出动感相框效果，如图113所示。

图112

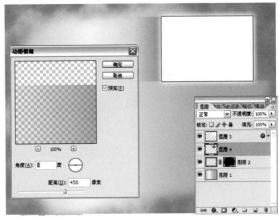

图113

07 在【图层】面板上按住【Ctrl】键单击"图层3"和"图层4"，同时选中这两个图层。然后将它们拖曳到【创建新图层】按钮■上，创建图层副本，完成第二个相框的制作，如图114所示。

图114

6.4.3 添加装饰对象

01 打开附书光盘中提供的素材文件 ● "Chap06/6_26.jpg"。切换到【路径】面板，单击面板下方的【将路径作为选区载入】按钮○，将素材中预先制作的路径转换为选区，如图115所示。再按快捷键【Ctrl+C】将它复制到剪贴板中。

02 切换到模板工作区中，按快捷键【Ctrl+V】粘贴图像，系统生成"图层5"。再按快捷键【Ctrl+T】，拖动控制点调整它的大小和位置，如图116所示。

图115

图116

03 使用同样的方法打开另一张素材图片 "Chap06/6_27.jpg"，将它复制并粘贴到模板中，调整其大小和位置，如图117所示。

图117

6.4.4　制作特效标题

01 选择工具箱中的【横排文字工具】$\boxed{T}$，在画面中拖动鼠标创建文本框，输入标题。在【字符】面板中设置合适的字体、字号和颜色，如图118所示。

02 单击【图层】面板下方的【添加图层样式】按钮，在弹出的菜单中选择【描边】命令。在弹出的【图层样式】对话框中设置描边【大小】为3像素，【颜色】为白色，如图119所示。

图118

图119

03 在【图层样式】对话框左侧选中【投影】选项，设置投影【距离】为6像素，【扩展】为0%，【大小】为10像素，如图120所示。设置完成后单击【确定】按钮。

04 选择工具箱中的【直线工具】，在选项栏中按下【形状图层】按钮，并将【粗细】设置为5像素。按住【Shift】键在文字下方拖动鼠标，绘制水平直线，如图121所示。

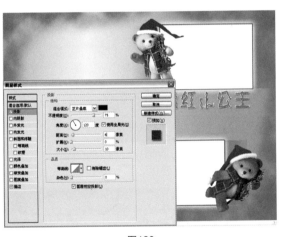

图120

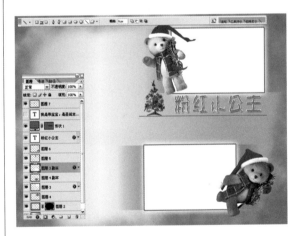

图121

05 选择工具箱中的【横排文字工具】，在横线下方输入新的文字内容，并设置合适的字体、字号和颜色，如图122所示。

06 打开附书光盘中提供的素材图片"Chap06/6_28.jpg"，按照前面章节所介绍的方法，将它复制、粘贴到模板中，并调整大小和位置。制作完成的模板如图123所示。

图122

图123

6.4.5 画面合成

01 打开附书光盘中提供的模板💿"Chap06/6_29.psd",如图124所示。

02 打开附书光盘中提供的人物素材💿"Chap06/6_30.jpg",如图125所示。

图124

图125

03 将照片复制并粘贴到模板中,再按快捷键【Ctrl+T】,按住【Shift】键拖动控制点调整照片的大小,如图126所示。然后按【Enter】确认操作。

图126

04 在【图层】面板中将当前图层的混合模式设置为【正片叠底】，使照片背景中的白色区域透出底图。并将它移动到底图"图层1"的上方，如图127所示。

05 选择工具箱中的【橡皮擦工具】，在选项栏中设置模式为【画笔】，【主直径】为100像素，【硬度】为0%，如图128所示。

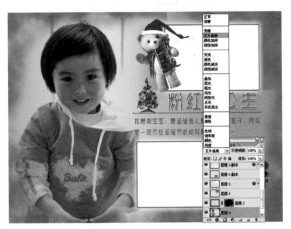

图127

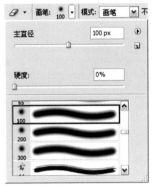

图128

06 在画面中按住并拖动鼠标，擦除照片背景中不需要的杂物，如图129所示。

07 打开附书光盘中提供的照片素材 "Chap06/6_31.jpg"，将它拖曳到模板中，并移动到小熊装饰"图层5"的下方。按快捷键【Ctrl+T】调出自由变换框，拖动控制点，调整照片的大小和位置，再按【Enter】键确认变形操作，如图130所示。

图129

图130

08 按住【Ctrl】键单击"图层3"的缩略图，载入选区。执行菜单【图层】→【图层蒙版】→【显示选区】命令，将照片置入选区，如图131所示。

09 打开附书光盘中提供的照片素材 "Chap06/6_32.jpg"，如图132所示。

图131

图132

10 按照前面章节介绍的方法将它置入下方的相框中，完成画面合成，如图133所示。

图133

6.5 美丽的小天鹅

　　孩子们多才多艺的表演是父母一生的骄傲，其中跳舞更是不少女孩儿美丽的梦想。本例制作的"美丽的小天鹅"模板，适合儿童的舞蹈或其他相关艺术照的合成，如图134所示（●"Chap06/6_33.psd"）。本例的制作重点是夜空的制作及天鹅与画面的融合。

图134

6.5.1　绘制渐变天空

01 执行菜单【文件】→【新建】命令，在弹出的对话框中设置【宽度】为2272像素，【高度】为1704像素，在【名称】栏中输入模板主题"美丽的小天鹅"，如图135所示。设置完成后单击【确定】按钮。

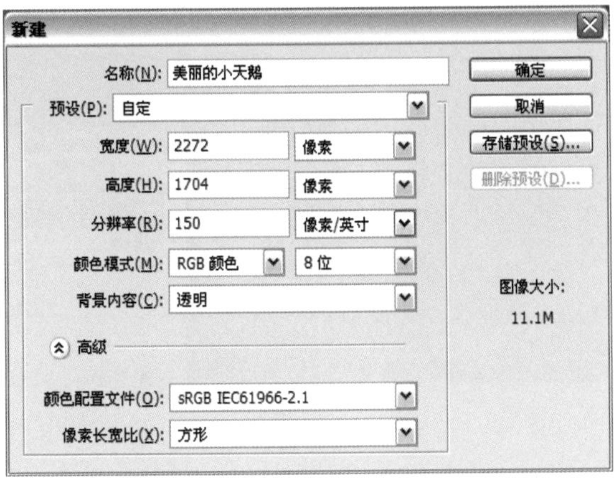

02 单击工具箱下方的前景色图标，在弹出的【拾色器】中将前景色设置为深蓝色（R：0，G：18，B：124）。再按快捷键【Alt+Delete】，以前景色填充"图层1"，如图136所示。

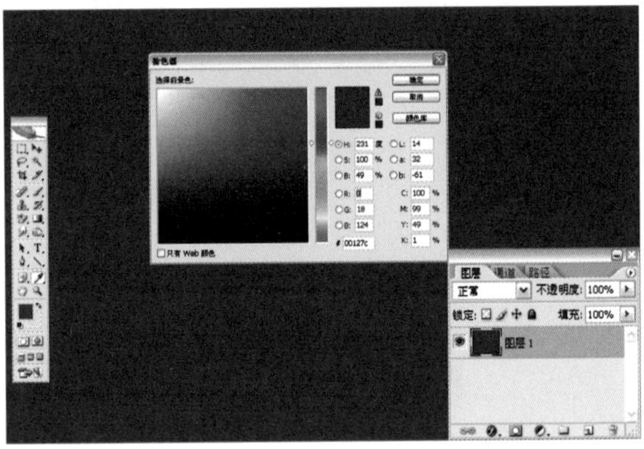

图135

图136

03 选择工具箱中的【椭圆选框工具】○，在画面的右上角创建一个椭圆选区，如图137所示。

04 按快捷键【Ctrl+Alt+D】打开【羽化选区】对话框，将【羽化半径】设置为250像素，如图138所示，单击【确定】按钮羽化选区。

图137

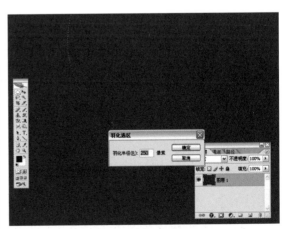

图138

05 按快捷键【Ctrl+Shift+I】反选选区。单击【图层】面板下方的【创建新图层】按钮，新建"图层2"。将前景色设置为白色，按快捷键【Alt+Delete】，以前景色填充选区，如图139所示。

06 在【图层】面板中将"图层2"的【不透明度】设置为50%，如图140所示。

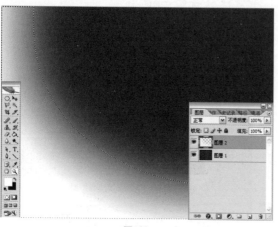

图139

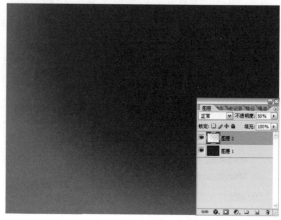

图140

6.5.2 添加满天繁星

01 打开附书光盘中提供的素材文件 "Chap06/6_34.jpg"，如图141所示。

02 将素材复制、粘贴到模板中，调整其大小，并在【图层】面板中将其混合模式设置为【叠加】，如图142所示，将图层【不透明度】设置为80%。

图141

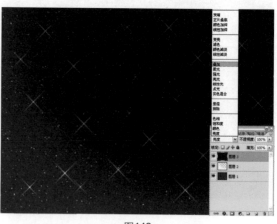

图142

03 单击工具箱下方的【以快速蒙版模式编辑】按钮■，按【D】键将前景色设置为黑色，背景色设置为白色。选择工具箱中的【渐变工具】■，在选项栏中单击【线性渐变】按钮■，在画面中按住并拖动鼠标创建渐变蒙版，如图143所示。

04 单击工具箱下方的【以标准模式编辑】按钮■切换回标准编辑模式，再执行菜单【图层】→【图层蒙版】→【显示选区】命令，为当前图层添加蒙版。使背景图下方出现白色渐变区域，如图144所示。

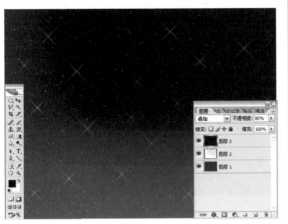

图143

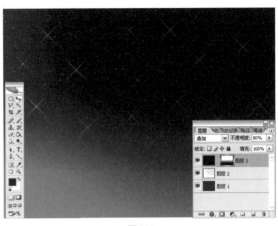

图144

6.5.3 添加舞动的天鹅

01 打开附书光盘中提供的素材文件 ● "Chap06/6_35.jpg"，如图145所示。

02 将素材复制、粘贴到模板中，并在【图层】面板中将其混合模式设置为【叠加】，使天鹅与背景融合在一起，如图146所示。

图145

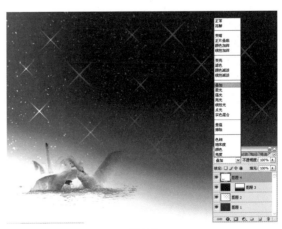

图146

6.5.4 制作模板边框

01 选择工具箱中的【矩形选框工具】，在画面中按住并拖动鼠标创建矩形选区，然后按快捷键【Ctrl+Shift+I】反选选区，如图147所示。

02 按快捷键【Ctrl++】数次放大显示画面，按住【Shift】键在边框的右上角内侧添加一个方形选区，如图148所示。

图147

图148

03 按住【Alt】键拖动鼠标，在边框的右上角外侧减去一个方形选区，如图149所示。

04 使用同样的方式处理边框的四角，得到如图150所示的效果。

图149

图150

05 将前景色设置为浅蓝色（R：40，G：115，B：252），单击【图层】面板下方的【创建新图层】按钮，新建"图层6"。再按快捷键【Alt+Delete】以前景色填充选区，如图151所示。

06 按快捷键【Ctrl+D】取消选区，再将当前图层的【不透明度】设置为50%，如图152所示。

图151

图152

6.5.5　制作渐变标题背景

01 选择工具箱中的【矩形选框工具】□，在画面中按住并拖动鼠标创建矩形选区，如图153所示。

02 将前景色设置为白色。选择【渐变工具】□，在选项栏中设置渐变色为【前景到透明】□，渐变模式为【线性渐变】□，如图154所示。

图153

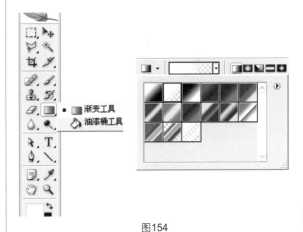

图154

03 单击【图层】面板下方的【创建新图层】按钮□，新建"图层7"。在选区中按住并拖动鼠标，创建白色到透明的渐变填充效果，如图155所示。按快捷键【Ctrl+D】取消选区。

04 在【图层】面板中将"图层7"的【不透明度】设置为35%，如图156所示。

图155

图156

05 打开附书光盘中提供的素材文件
🖸 "Chap06/6_36.psd"，如图157所示。

06 将天鹅复制并粘贴到模板中。按快捷键
【Ctrl+T】调出自由变换框，拖动控制点
调整它的大小和位置。然后将图层混合模
式设置为【滤色】，【不透明度】设置为
50%，如图158所示。

图157

图158

6.5.6 添加标题

01 选择工具箱中的【横排文字工具】T，
在画面左上角输入模板标题，并设置合适
的字体、字号和颜色，如图159所示。

02 单击【图层】面板下方的【添加图层样
式】按钮 *f*，在弹出的菜单中选择【描
边】命令。在弹出的【图层样式】对话框
中设置描边【大小】为6像素，【颜色】
为深蓝色，如图160所示。

图159

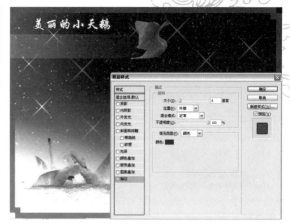

图160

03 选中对话框左侧的【外发光】选项，设置外发光【混合模式】为【滤色】，颜色为白色，【扩展】为5%，【大小】为28像素，如图161所示。设置完成单击【确定】按钮。

04 选择工具箱中的【横排文字工具】[T]，在渐变标题背景区域添加新的文字内容，并设置合适的字体、字号和颜色，如图162所示。

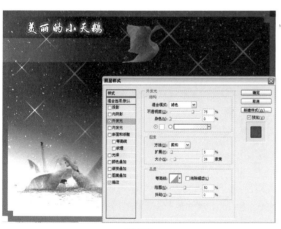

图161

图162

6.5.7　画面合成

01 打开附书光盘中提供的模板文件 ◉ "Chap06/6_37.psd"，如图163所示。

02 按照前面章节中介绍的方法透空人物照片的背景，这里直接调用附书光盘中提供的素材 ◉ "Chap06/6_38.psd"，如图164所示。

图163

图164

03 将人物照片复制并粘贴到模板中，按快捷键【Ctrl+T】调出自由变换框，拖动控制点调整照片的大小和位置，如图165所示。

04 单击【图层】面板下方的【添加图层样式】按钮 *f*，从弹出的菜单中选择【投影】命令。然后在【图层样式】对话框中设置【混合模式】为【正片叠底】，【距离】为5像素，【扩展】为0%，【大小】为20像素，如图166所示。设置完成后，单击【确定】按钮。

图165

图166

05 在人物图层的图层样式标记 *f* 上单击鼠标右键，从弹出的菜单中选择【创建图层】命令，将阴影创建到单独的图层中，如图167所示。

06 选择阴影所在的图层，执行菜单【编辑】→【变换】→【扭曲】命令。向右下方拖曳上边缘中心位置的控制点，即可创建出倾斜的阴影效果，如图168所示。调整完成后，按【Enter】确认变形操作，完成整个画面的合成。

图167

图168

6.6 欢乐童年

本例中将要制作的模板——"欢乐童年"是一款使用范围广泛的儿童照片模板，如图169所示（ ●"Chap06/6_39.psd"）。模板中共有4个位置可放置照片，右侧是一个抠像照片位置，3个圆形相框的位置由小到大排列，形成人物思考或回想的意味。

最终效果

图169

6.6.1　创建渐变背景

01 执行菜单【文件】→【新建】命令，在弹出的对话框中设置【宽度】为2272像素，【高度】为1704像素，在【名称】栏中输入模板主题"欢乐童年"，如图170所示，单击【确定】按钮。

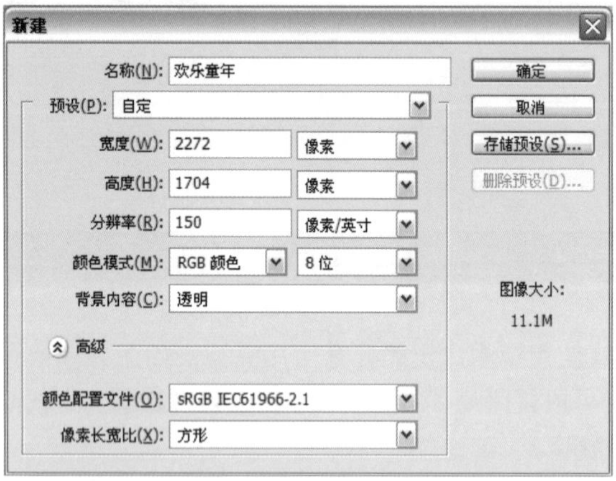

02 在工具箱中单击【设置前景色】图标，在弹出的【拾色器】中设置前景色为深蓝色（R：0，G：102，B：232），如图171所示。用同样的方法单击【设置背景色】图标，在弹出的【拾色器】中设置背景色为较亮的浅蓝色（R：0，G：253，B：255）。

图170

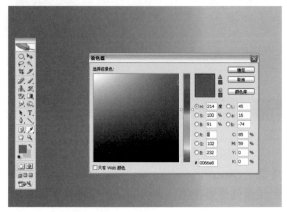

图171

03 选择工具箱中的【渐变工具】，在选项栏中设置渐变颜色为【前景到背景】，渐变模式为【线性渐变】。按住【Shift】键，从左至右拖动鼠标创建渐变填充效果，如图172所示。

04 打开附书光盘中提供的纹理素材 "Chap06/6_40.psd"。将它拖曳到模板的工作区，并移动到适当的位置，如图173所示。

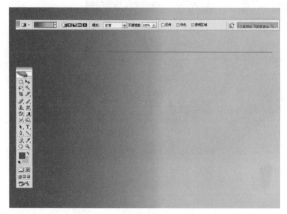

图172

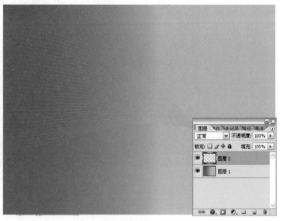

图173

05 选择纹理素材所在的"图层2"，单击【图层】面板下方的【添加图层样式】按钮 ![f]，从弹出的菜单中选择【外发光】命令，如图174所示。

06 在弹出的【图层样式】对话框中设置【混合模式】为【滤色】，【不透明度】为75％，颜色为黄色，【扩展】为5％，【大小】为8像素，如图175所示。设置完成后，单击【确定】按钮。

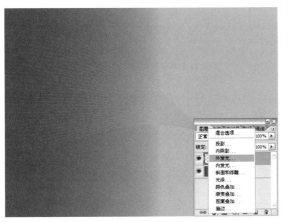

图174

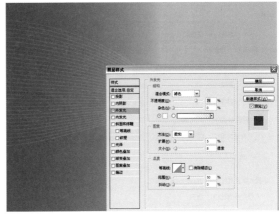

图175

6.6.2 添加卡通图案

01 打开附书光盘中提供的卡通素材 ● "Chap06/6_41.psd"，如图176所示。

02 将素材拖曳到模板中，并移动到画面的左下角，如图177所示。

图176

图177

6.6.3 制作网状图案

01 按快捷键【Ctrl+N】新建一个【宽度】为65像素，【高度】为65像素的图像文件，如图178所示。设置完成后，单击【确定】按钮。

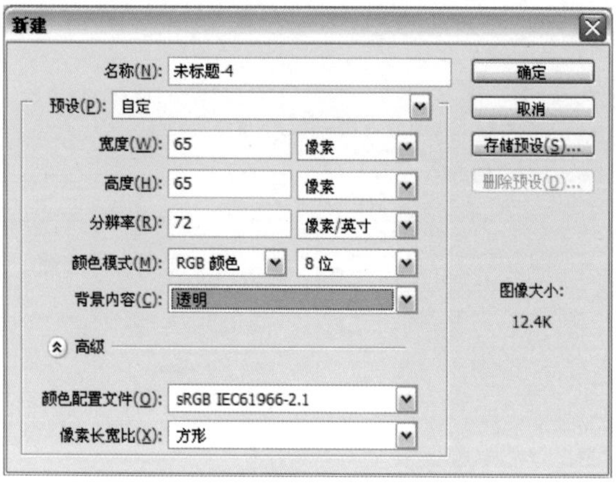

02 选择工具箱中的【矩形选框工具】，按住【Shift】键拖动鼠标，创建一个正方形选区，如图179所示。

图178

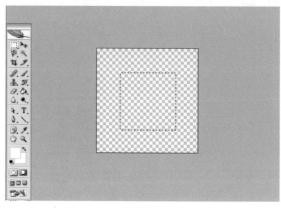

图179

03 执行菜单【编辑】→【描边】命令，在弹出的【描边】对话框中设置【宽度】为2像素，【颜色】为白色，【位置】为【居中】，【不透明度】为100%，如图180所示。设置完成后，单击【确定】按钮。

04 按快捷键【Ctrl+A】选中整个图像。执行菜单【编辑】→【定义图案】命令，在弹出的对话框中输入图案名称，如图181所示。单击【确定】按钮，将它定义为图案。

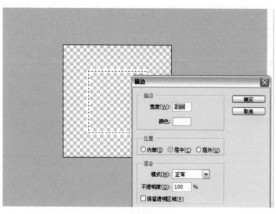

图180

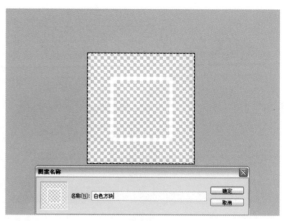

图181

05 选择工具箱中的【矩形选框工具】，在画面中按住并拖动鼠标，创建矩形选区，如图182所示。

06 单击【图层】面板下方的【创建新图层】按钮，新建"图层4"。执行菜单【编辑】→【填充】命令或按快捷键【Shift+F5】打开【填充】对话框。将填充图案设置为"白色方块"，如图183所示。然后单击【确定】按钮。

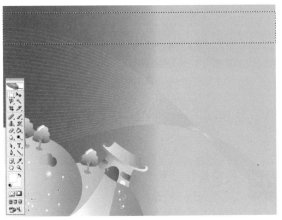

图182

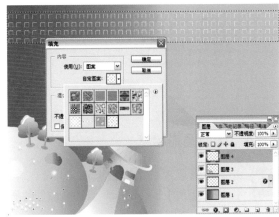

图183

07 单击工具箱下方的【以快速蒙版模式编辑】按钮，切换到快速蒙版编辑模式。选择工具箱中的【渐变工具】，按照如图184所示的方式拖动鼠标创建渐变蒙版。

08 单击工具箱下方的【以标准模式编辑】按钮，切换到标准编辑模式，将快速蒙版转换为选区。执行菜单【图层】→【图层蒙版】→【显示选区】命令，将它转换为蒙版。画面中只在右侧显示出所需要图案，如图185所示。

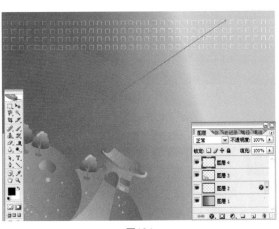

图184

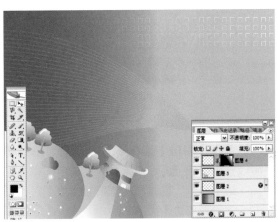

图185

09 将"图层4"拖曳到面板下方的【创建新图层】按钮 上，创建"图层4副本"。再使用【移动工具】 将它向右下角轻微移动，使图案呈现立体效果，如图186所示。

图186

6.6.4 绘制圆形相框

01 选择工具箱中的【椭圆选框工具】 ，按住【Shift】键在画面中拖动鼠标创建圆形选区，如图187所示。

02 将前景色设置为黄绿色（R：217，G：237，B：116）。单击【图层】面板下方的【创建新图层】按钮 ，新建"图层5"，按快捷键【Alt+Delete】以前景色填充选区，如图188所示。

图187

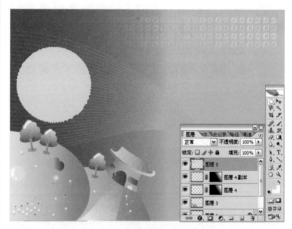

图188

03 单击【图层】面板下方的【添加图层样式】按钮 ，从弹出的菜单中选择【描边】命令。在弹出的【图层样式】对话框中设置描边【大小】为12像素，【颜色】为淡蓝色，如图189所示。设置完成后单击【确定】按钮。

04 将"图层5"拖曳到【图层】面板下方的【创建新图层】按钮 上，创建"图层5副本"。按快捷键【Ctrl+T】调出自由变换框，拖动控制点调整它的大小和位置，如图190所示。

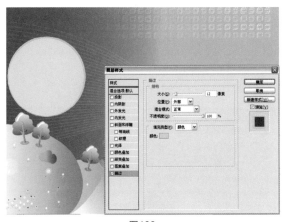

图189

图190

05 同样的方法创建"图层5副本2",并调整它的大小和位置,完成相框制作,如图191所示。

图191

6.6.5 添加文字特效

01 打开附书光盘中提供的文字素材 "Chap06/6_42.psd",如图192所示。

图192

02 将文字素材拖曳到模板中,并将它移动到合适的位置。按住【Ctrl】键单击"欢乐童年"图层,载入文字的选区,如图193所示。

03 选择工具箱中的【矩形选框工具】,按键盘上的【↓】键和【←】键,向左下方移动选区,如图194所示。

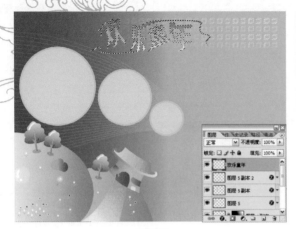

图193

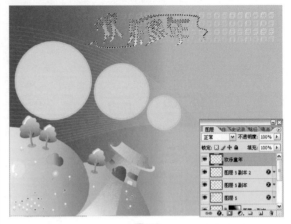

图194

04 单击【图层】面板下方的【创建新图层】按钮，新建"图层6"，并将它移动到"欢乐童年"图层下方。将前景色设置为蓝色（R：34，G：108，B：200），按快捷键【Alt+Delete】以前景色填充选区，制作出蓝色阴影效果，如图195所示。

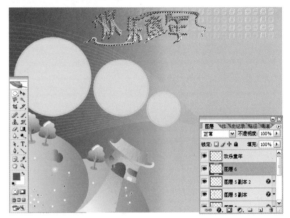

图195

05 单击【图层】面板下方的【添加图层样式】按钮，从弹出的菜单中选择【描边】命令。在弹出的【图层样式】对话框中设置描边【大小】为3像素，【颜色】为深蓝色，如图196所示。设置完成后单击【确定】按钮。

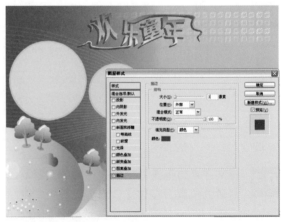

图196

06 选择"欢乐童年"所在的图层，单击【添加图层样式】按钮 ，从弹出的菜单中选择【外发光】命令。在【图层样式】对话框中设置【混合模式】为【滤色】，颜色为黄色，【扩展】为5%，【大小】为15像素，如图197所示。然后单击【确定】按钮，制作出立体化的文字效果。

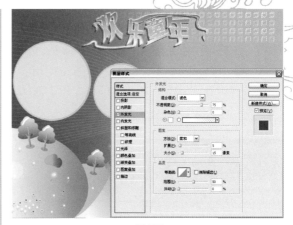

图197

6.6.6 添加装饰图案

01 打开附书光盘中提供的装饰素材 "Chap06/6_43.psd"，如图198所示。

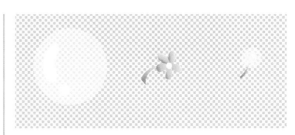

图198

02 将各个装饰素材分别拖曳到模板中，并创建副本，按快捷键【Ctrl+T】调出自由变换框，拖动控制点调整它们的位置、大小和角度，如图199所示。

03 在【图层】面板中按住【Ctrl】键单击各个装饰素材图层，将它们全部选中。然后单击面板右上角的 按钮，从弹出菜单中选择【合并图层】命令，合并所有装饰对象，如图200所示。

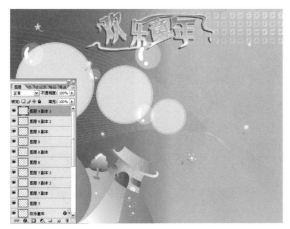

图199

图200

6.6.7　画面合成

01 打开附书光盘中提供的模板文件 "Chap06/6_44.psd"，如图201所示。

02 按照前面章节中介绍的方法透空人物照片的背景，这里直接调用附书光盘中提供的人物素材 "Chap06/6_45.psd"，如图202所示。

图201

图202

03 将人物照片拖曳到模板中，并置于"图层9副本3"的下方。按快捷键【Ctrl+T】调出自由变换框，拖动控制点调整照片的位置和大小，如图203所示。然后按【Enter】确认变形操作。

04 打开附书光盘中提供的照片素材 "Chap06/6_46.jpg"、 "Chap06/6_47.jpg"和 "Chap06/6_48.jpg"，如图204所示。

图203

图204

05 将照片拖曳到模板中，按快捷键【Ctrl+T】调出自由变换框，拖动控制点分别调整它们的大小和位置，如图205所示。

图205

06 按住【Ctrl】键单击"图层5"的缩览图，载入相框的选区，如图206所示。

图206

07 选择照片所在的图层，执行菜单【图层】→【图层蒙版】→【显示选区】命令，将当前选区添加为图层蒙版，即可将照片置入相框中，如图207所示。

图207

08 用同样的方式处理其他两张照片，完成最终的画面合成效果，如图208所示。

图208

读书笔记

Photoshop 中文版

数码照片修饰技巧与创意宝典

第7章　爱情与婚纱

　　爱情永远是人间最美丽的风景，为生活带来缤纷的色彩，使人生旅途不再孤单。无论是古典的浪漫与温馨，还是现代的梦幻与甜蜜，每一段爱情都透射出神秘的色彩。本章将介绍几款关于爱情和婚纱数码照片模板的制作。

7.1 春意翩跹

"共舞春色"是一款清新欢快的爱情主题模板，清淡的绿色调背景和白色花朵的装饰，使整个画面活泼而自然，清新的自然气息扑面而来，如图1所示（ ●"Chap07/7_01.psd"）。模板中设计了3个放置照片的位置，右侧大幅照片采用了图层叠加、图层渐变蒙版和图层透明度效果，左侧的两张照片则使用花朵形状的选区，与背景花朵交错形成照片的外框效果。

本例中将重点介绍利用Photoshop自带的【自定形状工具】 绘制底纹的方法。

图1

7.1.1 创建渐变背景

01 执行菜单【文件】→【新建】命令，在弹出的对话框中设置【宽度】为2272像素，【高度】为1704像素；在【名称】栏中输入模板主题"共舞春色"，如图2所示。单击【确定】按钮新建文件。

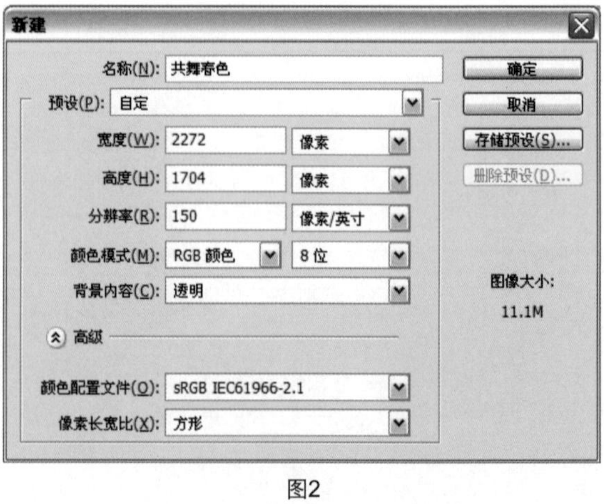

图2

02 在工具箱下方将前景色设置为淡绿色（R：219，G：247，B：204），如图3所示，背景色设置为更淡的绿色（R：241，G：254，B：234）。

03 选择工具箱中的【渐变工具】，在选项栏中将渐变模式设置为【前景到背景】，单击【对称渐变】按钮，并选中【反向】复选框。从画面中心向右上角拖动鼠标，创建渐变效果，如图4所示。

图3

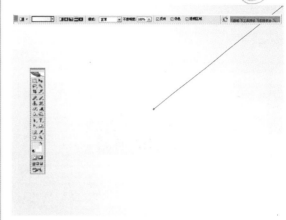

图4

7.1.2 绘制花朵图案

01 选择工具箱中的【自定形状工具】。单击选项栏中【形状】右侧的·按钮，然后单击下拉列表右上角的按钮，从弹出菜单中选择【装饰】命令，载入装饰类形状。接着再在列表中选择【花形饰件4】，如图5所示。

02 将前景色设置为较暗的淡绿色（R：220，G：240，B：205）。按住【Shift】键，在画面中单击并拖动鼠标创建如图6所示的形状。

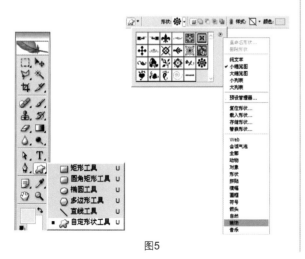

图5

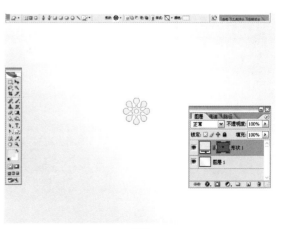

图6

03 在画面中再次单击鼠标，按住【Shift】键绘制一个较小的形状。绘制完成后，单击【图层】面板上相应的图层缩览图，在弹出的对话框中将新绘制图案的颜色设置为淡绿色（R：241，G：254，B：234），如图7所示。

04 在【图层】面板中按住【Shift】键单击鼠标，同时选中"形状1"和"形状2"图层。选择工具箱中的【移动工具】，单击选项栏中的【垂直居中对齐】按钮和【水平居中对齐】按钮，使两个图案中心对齐，如图8所示。

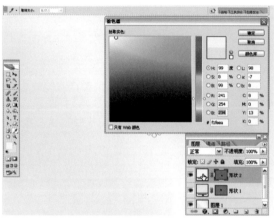

图7

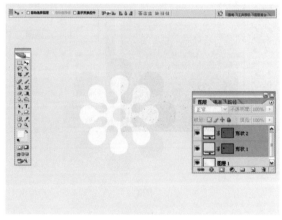

图8

05 选择"形状2"图层，单击【图层】面板下方的【添加图层样式】按钮，从弹出的菜单中选择【描边】命令。并在弹出的【图层样式】对话框中设置描边【大小】为3像素，【颜色】为绿色（R：175，G：208，B：150），如图9所示。

06 按快捷键【Ctrl+T】调出自由变换框，将鼠标指针放置在控制点包围的区域外，按住并拖动鼠标旋转图形，如图10所示，按【Enter】键确认变形操作。

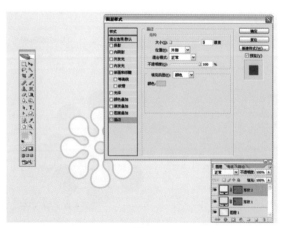

图9

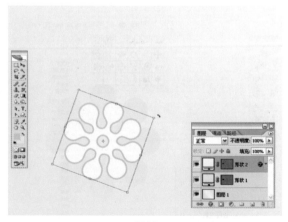

图10

07 用同样的方式以暗绿色（R：191，G：220，B：166）绘制新的形状。然后按住【Ctrl】键在【图层】面板中分别单击"形状1"、"形状2"和"形状3"图层，将它们同时选中，再按快捷键【Ctrl+E】，将它们合并为"形状3"图层，如图11所示。

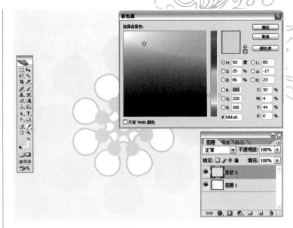

图11

7.1.3　绘制空心花朵图案

01 选择工具箱中的【自定形状工具】，按住并拖动鼠标绘制一个较大尺寸的花朵图案，然后按住【Ctrl】键单击"形状4"图层的缩览图，载入选区，如图12所示。

02 单击【图层】面板下方的按钮，新建"图层2"。执行菜单【编辑】→【描边】命令，在弹出的【描边】对话框中设置【宽度】为3像素，颜色为较深的绿色（R：191，G：220，B：166），为选区描边，如图13所示。

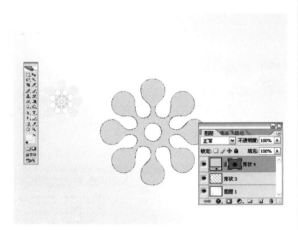

图12

图13

03 执行菜单【选择】→【修改】→【扩展】命令，在弹出的对话框中将【扩展量】设置为12像素，如图14所示。设置完成后单击【确定】按钮。

04 再次执行菜单【编辑】→【描边】命令，在【描边】对话框中设置【宽度】为3像素，颜色为较深的绿色（R：191，G：220，B：166），如图15所示，单击【确定】按钮。

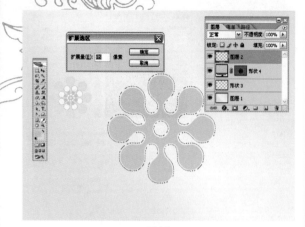

图14

图15

05 按快捷键【Ctrl+D】取消选区。在【图层】面板中选中"形状4"图层,按快捷键【Ctrl+T】调出自由变换框,按住【Alt+Shift】键,拖动控制点以图案中心为基点等比例缩小,如图16所示。然后按【Enter】键确认变形操作。

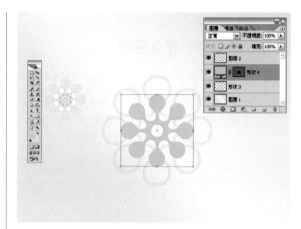

图16

06 按住【Ctrl】键单击"形状4"的缩览图,将其载入选区。选中"图层2",按【Delete】键删除"图层2"中选中的图像,如图17所示。

07 隐藏"形状4"图层,再次执行菜单【编辑】→【描边】命令,用同样的参数设置为选区描边,如图18所示。然后单击【确定】按钮。

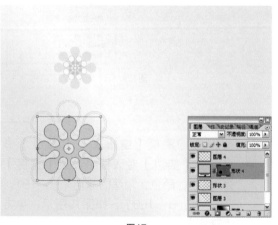

图17

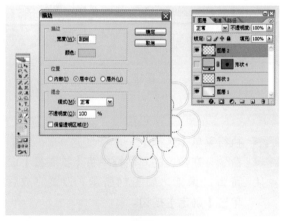

图18

08 按快捷键【Ctrl+D】取消选区。将"形状4"图层拖曳到面板下方的【删除图层】按钮📂上将其删除。再将制作完成的"形状3"和"图层2"移动到画面的左上角，如图19所示。

09 分别为"形状3"和"图层2"创建两个图层副本，调整它们的大小、位置和组合方式，得到如图20所示的效果。

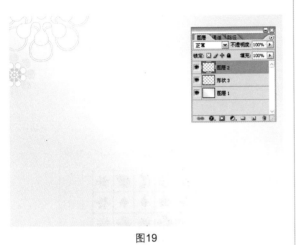

图19

图20

7.1.4　使用自定义形状

01 打开附书光盘中的素材文件💿"Chap07/7_02.psd"，如图21所示。选择工具箱中的【自定形状工具】🔲，在其列表菜单中选择【自然】命令，载入【自然】形状库，如图22所示。

图21

图22

02 切换到【路径】面板并选中"路径1"，执行菜单【编辑】→【定义自定形状】命令，在弹出的对话框中指定形状名称，然后单击【确定】按钮，将路径保存到"自然"形状库中，如图23所示。

03 选择工具箱中的【自定形状工具】 ，并在形状列表中选择上一步定义的形状，如图24所示。

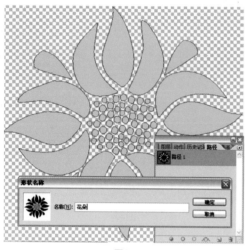

图23

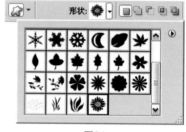

图24

04 切换到模板文件的工作区，在选项栏中将颜色设置为较深的绿色（R：191，G：220，B：166），按住并拖动鼠标绘制自定义的图形，如图25所示。在【图层】面板中将它的【不透明度】设置为60%。

05 用同样的方式在画面左下侧绘制新的图形，并将它的图层【不透明度】设置为40%，如图26所示。

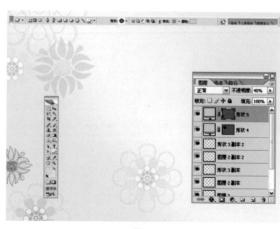

图25   图26

06 打开附书光盘中的素材文件● "Chap07/
7_03.psd"。执行菜单【编辑】→【定
义自定形状】命令,在弹出的对话框中指
定形状名称,单击【确定】按钮,将路径
保存到"自然"形状库中,如图27所示。

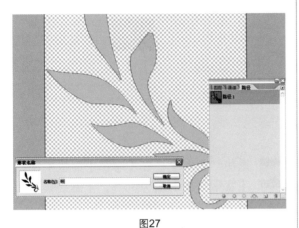

图27

07 按照前面章节介绍的方法在画面上绘制新
的形状,并调整它们的大小、角度、位置
和不透明度,得到如图28所示的效果。

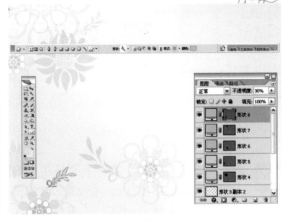

图28

7.1.5 添加花朵装饰

01 打开附书光盘中的素材文件● "Chap07/
7_04.psd",如图29所示。

图29

02 将素材拖曳到模板工作区中,并将它移动
到合适的位置,如图30所示。

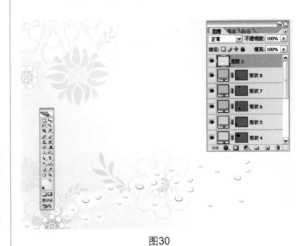

图30

7.1.6 制作文字特效

01 选择工具箱中的【横排文字工具】,
在画面上拖动鼠标创建文本框,并输入
文字,设置字体为华文中宋,字号为110
点,如图31所示。

02 选中"共舞"两个字,在【字符】面板中
设置【水平缩放】为80%,【设置所
选字符的字距调整】为−50,如图32
所示。

图31

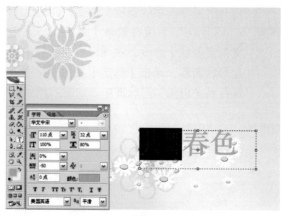

图32

03 选中"春"字,在【字符】面板中设置【水平缩放】为90%,【设置所选字符的字距调整】为–100,【基线偏移】为30点,如图33所示。

04 选中"色"字,在【字符】面板中设置【水平缩放】为90%,【基线偏移】为–40点,如图34所示。

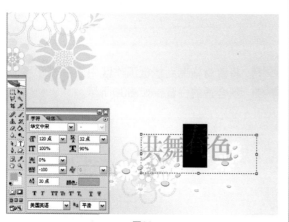

图33

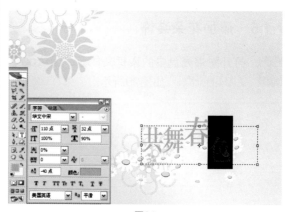

图34

05 在【图层】面板的文字图层上单击鼠标右键,从弹出的菜单中选择【转换为形状】命令,将文字转换为形状图层,如图35所示。

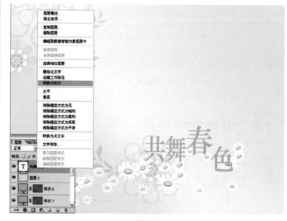

图35

06 选择工具箱中的【钢笔工具】 ✒️，参照第4章"文字编辑与艺术字的处理"一章所介绍的方法对文字进行变形处理，得到如图36所示的效果。

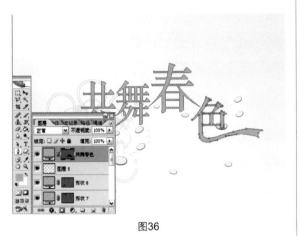

图36

07 选择工具箱中的【自定形状工具】，在选项栏中选择先前定义的"叶"图形，按住并拖动鼠标绘制树叶，按快捷键【Ctrl+T】分别调整它们的角度和位置，如图37所示。

图37

08 按住【Ctrl】键单击文字图层和树叶所在的"形状9"和"形状10"图层，将它们同时选中。在面板菜单中选择【合并图层】命令或者按快捷键【Ctrl+E】，合并选中的图层，如图38所示。

图38

09 按住【Ctrl】键单击合并后的"形状10"图层的缩览图，将其载入选区。单击【图层】面板下方的【创建新图层】按钮，新建"图层4"。将前景色设置为白色，按快捷键【Alt+Delete】以白色填充"图层4"的选区。将"形状10"图层拖曳到【删除图层】按钮上删除，如图39所示。

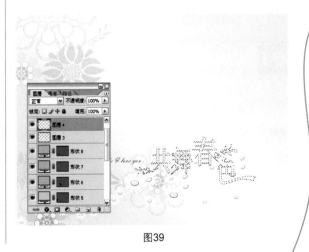

图39

10 选择工具箱中的【画笔工具】，在选项栏中设置画笔【主直径】为200像素，【硬度】为0%。将前景色设置为浅草绿色（R：231，G：255，B：196），在"图层4"的选区中为文字的局部区域涂抹浅草绿色，如图40所示。

11 按快捷键【Ctrl+D】取消选区。单击【图层】面板下方的【添加图层样式】按钮，在弹出的菜单中选择【描边】命令。然后在对话框中设置描边【大小】为3像素，【颜色】为绿色（R：117，G：189，B：98），如图41所示。

图40

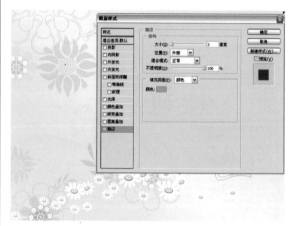

图41

12 选中【图层样式】对话框左侧的【投影】选项，在右侧设置【混合模式】为【正片叠底】，颜色为深绿色，【距离】为5像素，【扩展】为10%，【大小】为20像素，如图42所示。然后单击【确定】按钮。

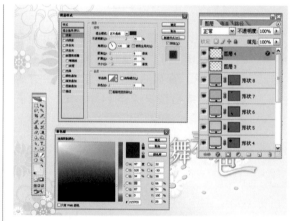

图42

7.1.7 添加相框

01 打开附书光盘中的素材文件 "Chap07/7_05.psd"，如图43所示。将它拖曳到模板的工作区，并移动到合适的位置，此图形将作为相框使用，如图44所示。

02 将相框图层拖曳到面板下方的【创建新图层】按钮上创建副本，再按快捷键【Ctrl+T】调出自由变换框，拖动控制点调整它的大小、位置和角度，如图45所示。

图43

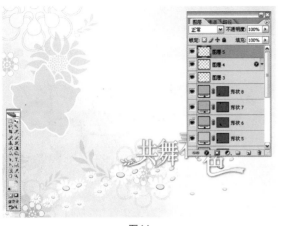

图44

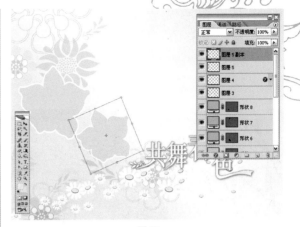

图45

03 用同样的方式创建3个新的副本，分别调整它们的大小、位置和角度，并将"图层5副本3"的图层【不透明度】设置为50%，如图46所示。

04 选择工具箱中的【横排文字工具】⊤，在模板中输入主题文字并设置合适的字体、字号，如图47所示。

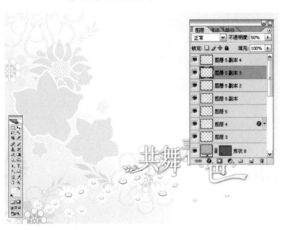

图46

图47

7.1.8 画面合成

01 打开附书光盘中的模板文件● "Chap07/7_06.psd"，如图48所示。

图48

02 打开附书光盘中的人物照片素材 "Chap07/7_07.jpg"，如图49所示。

03 将照片复制并粘贴到模板中，将其移动到 "图层3"与"形状8"图层之间，如图50 所示。

图49

图50

04 单击【图层】面板下方的【添加图层蒙版】按钮，为当前图层添加蒙版。将前景色设置为黑色，背景色设置为白色。选择工具箱中的【渐变工具】，以【前景到背景】的渐变在画面中心位置创建渐变效果，如图51所示。

05 接着将图层混合模式设置为【正片叠底】，再将图层的【不透明度】调整为60%，如图52所示。

图51

图52

06 打开附书光盘中的人物照片素材 "Chap07/7_08.jpg"和 "Chap07/ 7_09.jpg"，如图53所示。

图53

07 将两张照片素材分别拖曳到模板中，并置于英文文字图层下方，分别调整它们的大小和位置，如图54所示。

图54

08 按住【Ctrl】键单击"图层5"的缩览图，将花形相框载入选区，如图55所示。

图55

09 执行菜单【图层】→【图层蒙版】→【显示选区】命令或者直接单击【图层】面板下方的【添加图层蒙版】按钮，将选区转换为图层蒙版，使照片显示在相框中，如图56所示。

图56

10 用同样的方式处理另一张照片，用【移动工具】将照片向左下侧移动，形成错位的相框效果，完成整个画面合成，如图57所示。

图57

7.2 古典的浪漫

本例介绍的是西式古典风格的照片模板——"古典的浪漫"，如图58所示（ ● "Chap07/7_10. psd"）。本模板采用古铜色调，用蜡烛点缀，营造出烛光中的浪漫光晕效果。模板中设计了两个放置照片的位置，没有固定的照片边框，而采用柔化边缘的蒙版进行处理。

图58

7.2.1 制作光照背景效果

01 执行菜单【文件】→【新建】命令，在弹出的对话框中设置【宽度】为2272像素，【高度】为1704像素，在【名称】栏中输入模板主题"古典的浪漫"，如图59所示。然后单击【确定】按钮新建文件。

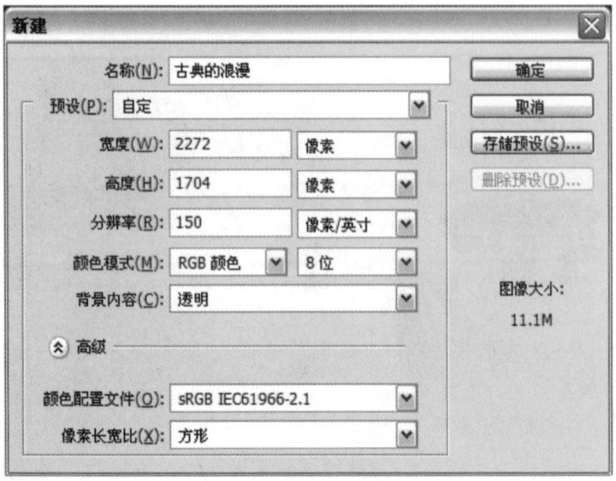

02 将背景色设置为深棕色（R：17，G：13，B：0），按快捷键【Ctrl+Delete】以背景色填充"图层1"，如图60所示。

图59

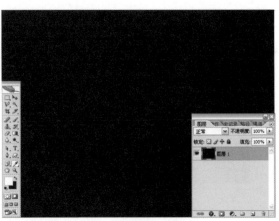

图60

03 执行菜单【滤镜】→【渲染】→【光照效果】命令，在对话框中设置【光照类型】为【点光】，颜色为橘红色（R：255，G：127，B：0），【强度】为35，【聚焦】为60，【环境】为10，并拖曳控制点调整光线照射的角度，如图61所示。

04 将对话框下方的☼标记拖曳到预览窗口中，添加一个新的光源。选中新建的光源并设置【光照类型】为【全光源】，颜色为白色，【强度】为50，【环境】为10，然后调整它的位置，如图62所示。设置完成后，单击【确定】按钮在画面中应用光照效果。

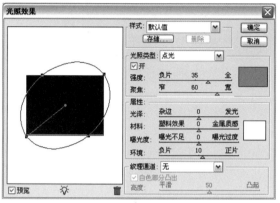

图61

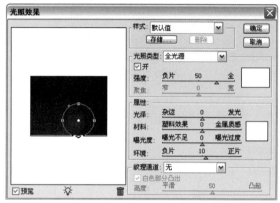

图62

7.2.2 营造画面的岁月感

01 打开附书光盘中提供的素材 "Chap07/7_11.jpg"，并将其拖曳到模板的工作区，如图63所示。

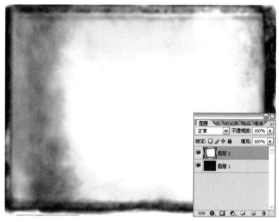

图63

02 在【图层】面板中将"图层2"的混合模式设置为【正片叠底】，如图64所示。

03 将"图层2"拖曳到【图层】面板下方的【创建新图层】按钮上创建"图层2副本"，并将其图层混合模式设置为【叠加】，如图65所示。

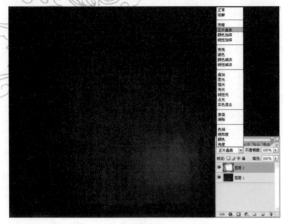
图64

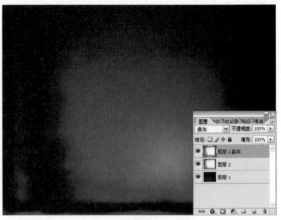
图65

7.2.3 添加花朵装饰

01 打开附书光盘中的花朵素材● "Chap07/ 7_12.psd"，如图66所示。将它拖曳到模板的工作区，如图67所示。

图66

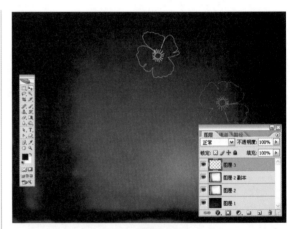
图67

02 在【图层】面板中将花朵所在图层的混合模式设置为【颜色减淡】，如图68所示。

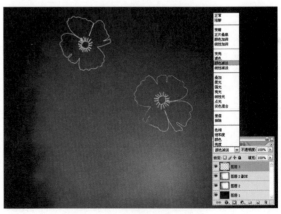
图68

03 将花朵图层拖曳到【图层】面板下方的【创建新图层】按钮■上，分别创建"图层3副本"和"图层3副本2"，再按快捷键【Ctrl+T】，拖动控制点调整它们的位置和角度，调整完成后按【Enter】键确认操作，如图69所示。

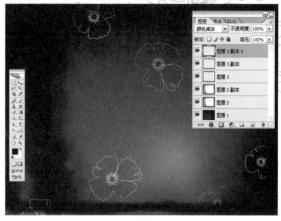

图69

7.2.4 添加浪漫的烛光

01 打开附书光盘中提供的烛光素材 ● "Chap07/ 7_13.jpg"，如图70所示。

02 将素材拖曳到模板中，并在【图层】面板中将它的图层混合模式设置为【强光】，【不透明度】设置为80%，如图71所示。

图70

图71

03 单击【图层】面板下方的【添加图层蒙版】按钮□，为当前图层创建蒙版。然后选择工具箱中的【画笔工具】✎，在选项栏中设置画笔【主直径】为400像素，【硬度】为0%，如图72所示。

图72

04 将前景色设置为黑色，在蜡烛的四周进行涂抹，使边缘区域背景融合，如图73所示。

图73

7.2.5　添加文字特效

01 打开附书光盘中提供的标题素材 "Chap07/7_14.psd"，如图74所示。

图74

02 将文字标题拖曳到模板中并移动到合适的位置。单击【图层】面板下方的【添加图层样式】按钮 *fx.*，在弹出的菜单中选择【渐变叠加】命令，并在对话框中设置【混合模式】为【正常】，选中【反向】复选框，【样式】为【对称的】，如图75所示。

03 单击对话框中的渐变条，在弹出的【渐变编辑器】中将渐变条左侧色标设置为棕色（R：177，G：100，B：0），右侧色标设置为白色。然后移动渐变条上方的不透明度色标到如图76所示的位置。

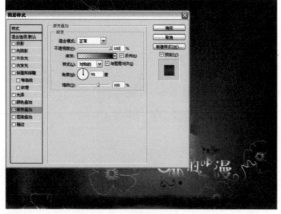

图75

图76

04 接着，在【图层样式】对话框中选择【描边】选项，并将描边【大小】设置为1像素，颜色设置为土黄色（R：226，G：220，B：75），如图77所示。设置完成后，单击【确定】按钮。

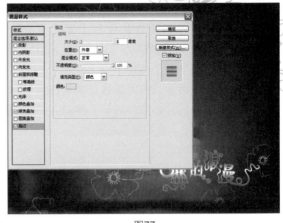

图77

7.2.6 制作古典边框

01 打开附书光盘中提供的装饰框素材 "Chap07/7_15.psd"，如图78所示。

图78

02 将它拖曳到模板中并移动到画面的右上角，如图79所示。

03 将"图层6"拖曳到【图层】面板下方的【创建新图层】按钮 上创建副本，执行菜单【编辑】→【变换】→【垂直翻转】命令，将翻转后的图形移动到画面右下角，如图80所示。

图79

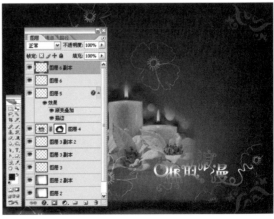

图80

04 按快捷键【Ctrl+E】合并这两个图层，将合并后的图层再次拖曳到【图层】面板下方的【创建新图层】按钮 ■ 上创建副本。执行菜单【编辑】→【变换】→【水平翻转】命令，再将翻转后的装饰框移动到画面左侧，如图81所示。接着，按快捷键【Ctrl+E】合并装饰框图层。

图81

05 在工具箱中选择【直线工具】 ，在选项栏中将【粗细】设置为10像素，颜色设置为与装饰框相同的褐色（R：96，G：69，B：1），如图82所示。

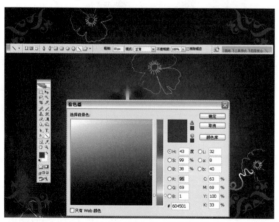

图82

06 按下【填充像素】按钮 ，以填充像素模式绘制。按住【Shift】键拖动鼠标，以直线连接装饰框，如图83所示。

图83

07 在选项栏中将直线的【粗细】修改为5像素，按住【Shift】键拖动鼠标，绘制较细的直线连接框，如图84所示。

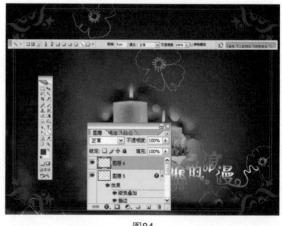

图84

08 单击【图层】面板下方的【添加图层样式】按钮 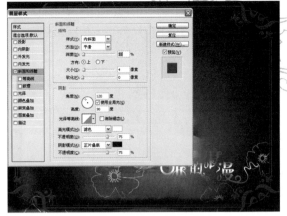 ，在弹出的菜单中选择【斜面和浮雕】命令。然后在【图层样式】对话框中设置【样式】为【内斜面】，【方法】为【平滑】，【深度】为31%，【大小】为4像素，如图85所示。设置完成后，单击【确定】按钮为装饰框添加浮雕效果。

图85

7.2.7 画面合成

01 打开附书光盘中提供的模板文件 "Chap07/7_16.psd"，如图86所示。

02 打开附书光盘中提供的人物照片素材 "Chap07/7_17.jpg"，将它拖曳到模板中并移动到"图层2副本"的上方。按快捷键【Ctrl+T】拖动控制点调整照片的大小，再单击【图层】面板下方的【添加图层蒙版】按钮 ，为人物所在的图层创建蒙版，如图87所示。

图86

图87

03 在工具箱中选择【画笔工具】 ，在选项栏中设置较大尺寸，硬度为0%的画笔，在人物四周涂抹，使照片边缘与模板融合为一体，如图88所示。

04 用同样的方式处理附书光盘中的另一张照片 "Chap07/7_18.jpg"，并将它的图层混合模式设置为【叠加】，得到最终的画面效果，如图89所示。

图88

图89

7.3 爱的誓言

　　粉红色代表温柔、纯情、甜美、浪漫，本例制作的模板"爱的誓言"使用了大片的粉红色调衬托主题，前景的相框也采用两个标志性的心形组合而成，并采用结婚誓言的英文文字和玫瑰戒指作为整个画面的装饰，如图90所示（ ●"Chap07/7_19.psd"）。

图90

7.3.1 制作浪漫情调的背景

01 执行菜单【文件】→【新建】命令，在弹出的对话框中设置【宽度】为2272像素，【高度】为1704像素，在【名称】栏中输入模板主题"爱的誓言"，如图91所示。然后单击【确定】按钮。

02 选择工具箱中的【渐变工具】 ，在选项栏中将渐变模式设置为【对称渐变】 。将前景色设置为浅粉色（R：255，G：188，B：238），背景色设置为深粉色（R：254，G：85，B：145），在画面中按住并拖动鼠标创建渐变填充背景，如图92所示。

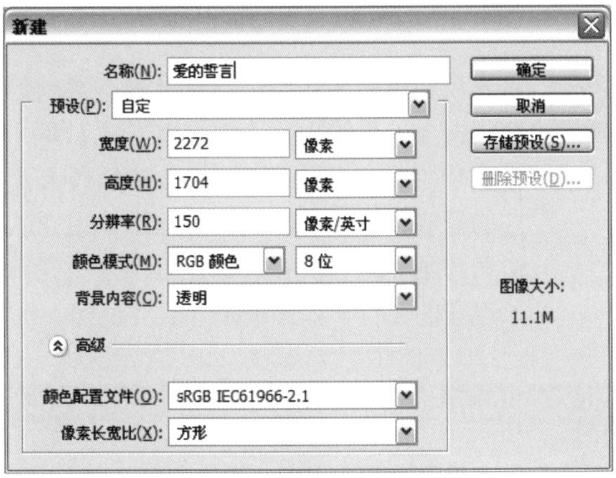

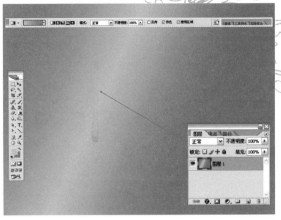

图91

图92

03 打开附书光盘中提供的素材文件 "Chap07/7_20.jpg"，如图93所示。

04 将素材拖曳到模板中，并将图层混合模式设置为【柔光】，【不透明度】设置为60%，如图94所示。

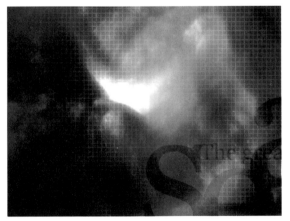

图93

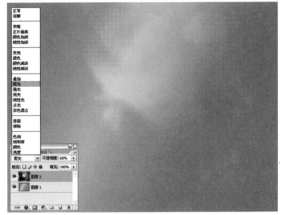

图94

05 打开附书光盘中提供的星光素材 "Chap07/7_21.psd"，如图95所示。

06 将素材拖曳到模板中，并将图层混合模式设置为【叠加】，如图96所示。

图95

图96

7.3.2 添加装饰物

01 打开附书光盘中提供的素材文件"Chap07/7_22.psd"，如图97所示。

02 将素材拖曳到模板中，并移动到合适的位置。选择工具箱中的【橡皮擦工具】，在选项栏中选择【硬度】为0%的较大尺寸的画笔，在装饰物的边缘涂抹，使它的边角与画面融合。在涂抹过程中注意保持玫瑰花的完整，如图98所示。

图97

图98

03 单击【图层】面板下方的【添加图层样式】按钮，从弹出的菜单中选择【外发光】命令。并在对话框中设置外发光颜色为深粉红色（R：241，G：32，B：93），【扩展】为5%，【大小】为65像素，如图99所示。设置完成后，单击【确定】按钮。

04 选择工具箱中的【移动工具】，将装饰物移动到画面右下角，然后在【图层】面板中将"图层4"移动到"图层3"的下方，如图100所示。

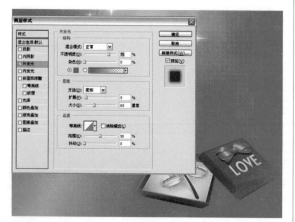

图99

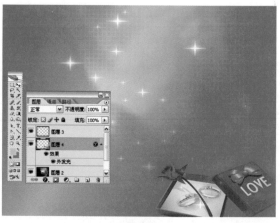

图100

7.3.3 添加文字

01 选择工具箱中的【横排文字工具】T，在画面中输入文字并设置合适的字体、字号、颜色和对齐方式，如图101所示。

02 单击【图层】面板下方的【添加图层样式】按钮 *fx.*，在弹出的菜单中选择【描边】命令，然后在弹出的【图层样式】对话框中设置描边【大小】为1像素，【颜色】为紫色（R：170，G：0，B：176），如图102所示。设置完成后，单击【确定】按钮。

图101

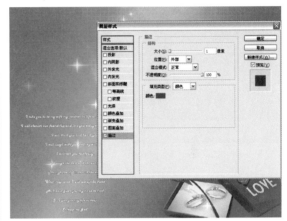

图102

03 将文字所在图层拖曳到【图层】面板下方的【创建新图层】按钮 上创建副本。将它移动到画面上方，然后把【不透明度】设置为50%，图层混合模式设置为【叠加】，如图103所示。

04 将文字图层副本拖曳到【图层】面板下方的【创建新图层】按钮 上再次创建两个副本，并将它们移动到画面的右上角和右下角，如图104所示。

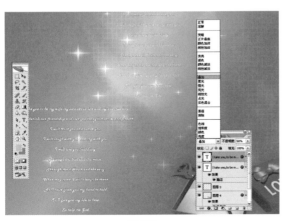

图103

图104

05 选择工具箱中的【横排文字工具】T，在画面中单击鼠标输入标题，并设置合适的字体、字号和颜色。单击【图层】面板下方的【添加图层样式】按钮 ，从弹出的菜单中选择【斜面和浮雕】命令。

06 在弹出的【图层样式】对话框中设置【样式】为【内斜面】，【方法】为【平滑】，【大小】为8像素，高光颜色为白色，阴影颜色为深粉色，如图106所示。设置完成后，单击【确定】按钮。

图105

图106

7.3.4 绘制心形相框

01 选择工具箱中的【自定形状工具】 ，在选项栏中选择心形图形♥。将绘制模式设置为【形状图层】 ，前景色设置为粉色，按住并拖动鼠标绘制心形形状，如图107所示。

02 按快捷键【Ctrl+T】调出自由变换框，将鼠标置于控制点包围的区域外，按住并拖动鼠标旋转图形，如图108所示。调整完成后，按【Enter】键确认操作。

图107

图108

03 用同样的方式再次绘制心形形状，并调整它的角度，如图109所示。

04 将"形状2"拖曳到【图层】面板下方的【创建新图层】按钮上，创建"形状2副本"，然后单击前方的标记隐藏该图层。在【图层】面板中同时选中"形状1"和"形状2"图层，按快捷键【Ctrl+E】合并这两个图层，如图110所示。

图109

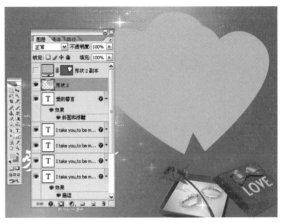

图110

05 在【图层】面板中选中合并后的"形状2"图层，单击面板下方的【添加图层样式】按钮，在弹出的菜单中选择【描边】命令，弹出【图层样式】对话框，设置描边【大小】为5像素，【填充类型】为【渐变】，渐变颜色为白色到紫色，如图111所示。

06 选中【图层样式】对话框左侧的【投影】选项，设置阴影【混合模式】为【正片叠底】，颜色为深红色，【距离】为20像素，【扩展】为20%，【大小】为60像素，如图112所示。设置完成后，单击【确定】按钮。

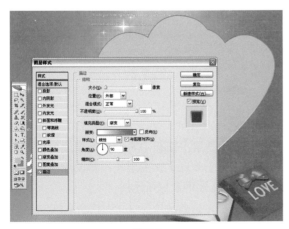

图111

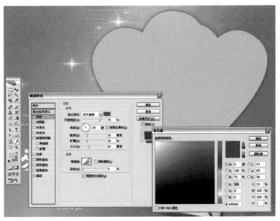

图112

07 在【图层】面板中单击"形状2副本"前方的 标记，将此图层显示出来。然后单击下方的【添加图层样式】按钮 ，从弹出的菜单中选择【描边】命令，如图113所示。

08 在弹出的【图层样式】对话框中设置描边【大小】为5像素，【混合模式】为【颜色减淡】，【不透明度】为25%，【填充类型】为【渐变】，渐变颜色为白色到紫色，如图114所示。设置完成后，单击【确定】按钮。

图113

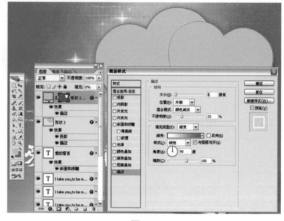

图114

7.3.5 画面合成

01 在工作区中打开附书光盘中提供的模板文件 "Chap07/7_23.psd"，如图115所示。

图115

02 打开附书光盘中提供的人物素材 "Chap07/7_24.jpg"。将照片拖曳到模板中并移动到"图层4"下方。再按快捷键【Ctrl+T】调出自由变换框，拖动控制点调整它的大小和位置，如图116所示。

03 在【图层】面板中将它的图层混合模式设置为【柔光】，图层【不透明度】设置为80%，如图117所示。

图116

图117

04 打开附书光盘中的另一张人物素材
🔘 "Chap07/7_25.jpg"，将它拖曳到模
板中，并移动到"形状2"和"形状2副
本"图层之间。按快捷键【Ctrl+T】，拖
动控制点调整照片的大小和位置，如图
118所示。

05 按住【Alt】键，将鼠标移到"图层6"和
"形状2"图层之间，鼠标指针变为❂标
记。单击鼠标，即可建立图层剪贴蒙版，
将照片置于心形相框中，最终的画面效果
如图119所示。

图118

图119

7.4　流光溢彩

　　朦胧的烛光带给人浪漫温馨的感觉，本例制作的模板"烛光摇曳"取材于一张蜡烛照片，配合
紫色调的背景，营造出属于夜晚的浪漫爱情氛围，如图120所示（🔘 "Chap07/7_24.psd"）。此模
板中设计了两张照片的位置，左侧的心形区域可以直接置入照片。背景则对照片进行叠加图层混合
模式以及半透明处理。本例背景采用的是一张突出氛围的浪漫画面，在使用模板时亦可保留。

图120

7.4.1 创建烛光背景

01 执行菜单【文件】→【新建】命令，在弹出的对话框中设置【宽度】为2272像素，【高度】为1704像素，在【名称】栏中输入模板主题"烛光摇曳"，如图121所示。单击【确定】按钮新建文件。

图121

02 打开附书光盘中提供的照片素材（◎"Chap07/7_27.jpg"）。选择工具箱中的【矩形选框工具】，在选项栏中将【样式】设置为【固定大小】，【宽度】为2272像素，【高度】为1704像素。单击鼠标创建如图121所示的矩形选区。再按快捷键【Ctrl+C】将它复制到剪贴板中，如图122所示。

03 切换到模板工作区，按快捷键【Ctrl+V】粘贴先前复制的图形。再执行菜单【滤镜】→【模糊】→【特殊模糊】命令，在弹出的对话框中设置【半径】为10，【阈值】为70，如图123所示。然后单击【确定】按钮。

图122

图123

7.4.2　调整浪漫色调

01 单击【图层】面板下方的【创建新的填充或调整图层】按钮 ⬤，在弹出的菜单中选择【色彩平衡】命令，如图124所示。

02 在弹出的【色彩平衡】对话框中将三个【色阶】值分别设置为+60、−20、+100，如图125所示。设置完成后，单击【确定】按钮调整画面的色调。

图124

图125

03 单击【图层】面板下方的【创建新的填充或调整图层】按钮 ⬤，在弹出的菜单中选择【亮度/对比度】命令，如图126所示。

04 在弹出的对话框中将【亮度】设置为−35，然后单击【确定】按钮降低画面亮度。

图126

图127

7.4.3 绘制心形图形

01 将前景色设置为紫色（R：83，G：0，B：78）。选择工具箱中的【钢笔工具】，在选项栏中单击【形状图层】按钮，如图128所示。

02 在画面上绘制一个心形的形状图层，并移动到"色彩平衡 1"和"亮度/对比度 1"图层之间，如图129所示。

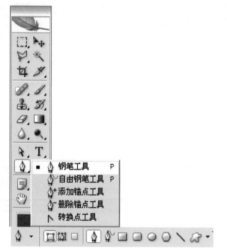

图128

图129

03 将"形状1"图层拖曳到【图层】面板下方的【创建新图层】按钮上创建"形状1副本"。再选择【移动工具】将其向左侧移动，如图130所示。

04 在【图层】面板中双击"形状1副本"图层的缩览图。在弹出的【拾色器】对话框中将颜色设置为淡紫色，如图131所示。然后单击【确定】按钮。

图130

图131

7.4.4 添加文字

01 选择工具箱中的【横排文字工具】T，将前景色设置为较明亮的紫色，然后输入要添加的文字内容，并设置合适的字体、字号，如图132所示。

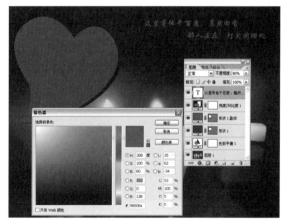

图132

02 单击【图层】面板下方的【添加图层样式】按钮 *f*，从弹出的菜单中选择【描边】命令。然后在弹出的【图层样式】对话框中设置描边【大小】为3像素，颜色为白色，如图133所示。设置完成后，单击【确定】按钮为文字描边。然后将文字图层的【不透明度】调整为80%。

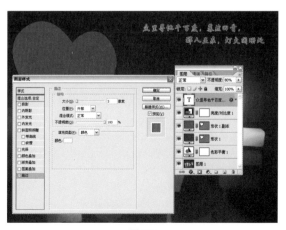

图133

03 将文字图层拖曳到面板下方的【创建新图层】按钮 📄 上创建副本。按快捷键【Ctrl+T】，按住【Shift】键拖动控制点调整文字的大小和位置，如图134所示。再按【Enter】键确认操作。

图134

04 在【图层】面板中将它的图层【不透明度】设置为30%，如图135所示。

图135

05 用相同的方法创建多个文字图层副本，并调整它们的大小、位置和不透明度，得到如图136所示的效果。

图136

7.4.5 画面合成

01 打开附书光盘中提供的模板文件 💿 "Chap07/7_28.psd"，如图137所示。

图137

02 打开附书光盘中提供的照片素材 ● "Chap07/7_29.jpg"，将它拖曳到模板中并移动到"色彩平衡1"图层下方，如图138所示。

图138

03 在【图层】面板中将它的图层混合模式设置为【叠加】，【不透明度】设置为25%，如图139所示。

图139

04 单击【图层】面板下方的【添加图层蒙版】按钮 ◙ ，为照片所在的图层创建蒙版。选择【画笔工具】 ✎ ，在选项栏中设置画笔【主直径】为100像素，【硬度】为0%，如图140所示。

图140

05 将前景色设置为黑色，在蜡烛所在的区域涂抹，通过蒙版编辑消除照片图层对背景中蜡烛的影响，如图141所示。

图141

06 打开附书光盘中提供的另一张照片素材
● "Chap07/7_30.jpg"，将它拖曳到模板中，并移动到"形状1副本"图层的上方。按快捷键【Ctrl+T】，拖动控制点调整它的大小和位置，如图142所示。然后按【Enter】键确认操作。

07 按住【Alt】键，将鼠标移到"图层3"和"形状1副本"图层之间，鼠标指针变为 标记。单击鼠标建立图层剪贴蒙版，将照片置于心形相框中，完成最终的画面效果，如图143所示。

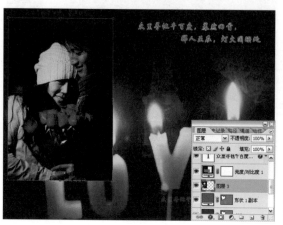

图142

图143

7.5 永结同心

　　本例将介绍一款温馨的爱情主题模板——"老婆老婆我爱你"，如图144所示（● "Chap07/7_31.psd"）。此模板与"爱的誓言"模板相似，也使用粉色调，但以白色和淡粉为主，使整张模板显得清新淡雅。

图144

7.5.1　制作并装饰背景

01 执行菜单【文件】→【新建】命令，在弹出的对话框中设置【宽度】为2272像素，【高度】为1704像素，在【名称】栏中输入模板主题"老婆老婆我爱你"，如图145所示。单击【确定】按钮新建文件。

02 单击工具箱下方的前景色图标，在弹出的【拾色器】对话框中将前景色设置为淡粉色。再按快捷键【Alt+Delete】，以前景色填充"图层1"，如图146所示。

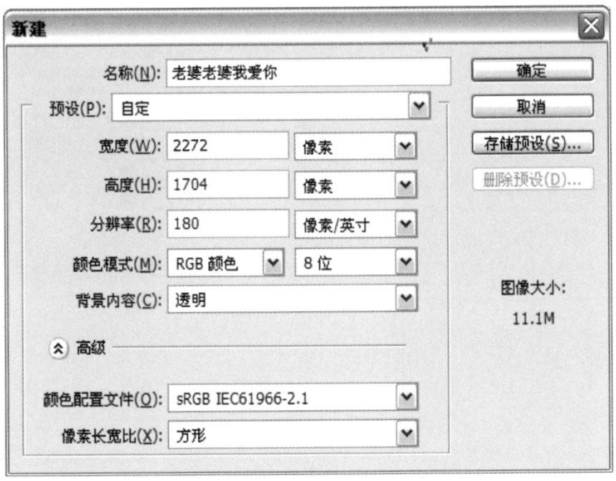

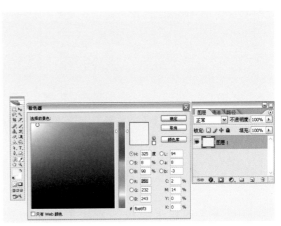

图145

图146

03 打开附书光盘中提供的装饰素材◉"Chap07/7_32.psd"，如图147所示。将它拖曳到模板中，按快捷键【Ctrl+T】，按住【Shift】键拖动控制点调整它的大小和位置，如图148所示。按【Enter】键确认操作。

图147

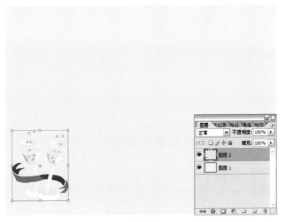

图148

04 在【图层】面板中将"图层2"的图层混合模式设置为【叠加】，使装饰素材与背景融合，如图149所示。

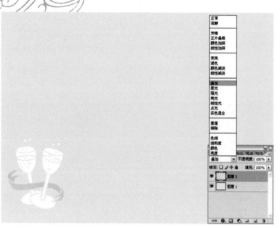

图149

05 打开附书光盘中提供的素材◎"Chap07/7_33.psd"，将它拖曳到模板中并移动到适当的位置，如图150所示。

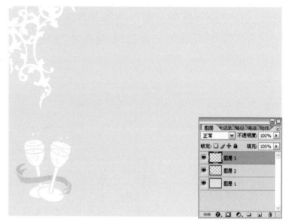

图150

06 单击【图层】面板下方的【添加图层样式】按钮 ●，在弹出的菜单中选择【外发光】命令，然后在弹出的【图层样式】对话框中设置【混合模式】为正常，【不透明度】为100%，颜色为粉色（R：244，G：3，B：111），【扩展】为0%，【大小】为14像素，如图151所示。设置完成后，单击【确定】按钮。

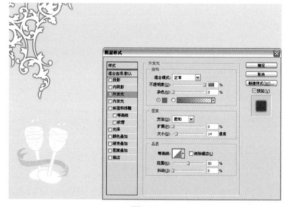

图151

7.5.2 绘制心形装饰条

01 选择工具箱中的【自定形状工具】 ●，并在选项栏中选择"红桃"形状 ♥。将前景色设置为深粉色（R：226，G：1，B：107），在画面中拖动鼠标创建红桃形的形状图层"形状1"，如图152所示。

02 将"形状1"图层拖曳到【图层】面板下方的【创建新图层】按钮 ● 上，创建"形状1副本"，再重复此操作，共创建12个副本，如图153所示。

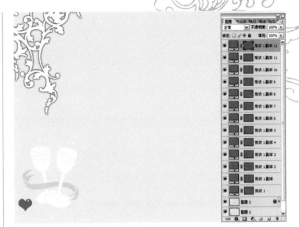

图152   图153

03 选择工具箱中的【移动工具】，按住【Shift】键拖动鼠标，将"形状1副本12"水平移动到画面右下角，如图154所示。

04 在【图层】面板中选中"形状1"图层，按住【Shift】键单击"形状1副本12"，选中所有红桃形状图层。选择【移动工具】，在选项栏中单击【水平居中分布】按钮，使所有选中的图层水平居中分布，如图155所示。

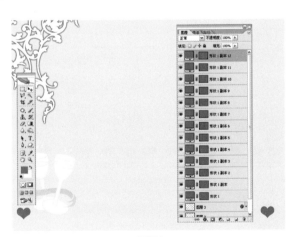

图154

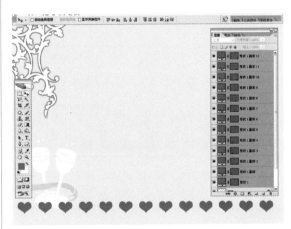

图155

05 按快捷键【Ctrl+E】合并所有选中的图层，然后将合并后的"形状1副本12"拖曳到【图层】面板下方的【创建新图层】按钮上创建"形状1副本13"。再按住【Shift】键拖动鼠标，将它移动到画面上方，如图156所示。

06 执行菜单【编辑】→【变换】→【垂直翻转】命令，使上方的装饰条垂直翻转。然后在【图层】面板中将"形状1副本13"移动到"图层3"下方，并将它的【不透明度】设置为50%，如图157所示。

图156

图157

07 选择工具箱中的【直线工具】，在选项栏中将【粗细】设置为12像素。在画面底部按住并拖动鼠标绘制一条直线，系统自动生成"形状1"图层，如图158所示。

08 按住【Shift】键，按住并拖动鼠标再添加一条直线形状到"形状1"图层中，如图159所示。

图158

图159

7.5.3 进一步修饰装饰条

01 在【图层】面板中选中"形状1副本13"图层，按住【Shift】键单击最上层的"形状 1 副本 12"，将4个图层同时选中。单击【图层】面板右上角的按钮，从弹出菜单中选择【从图层新建组】命令，为选中的图层创建图层组，如图160所示。

02 单击【图层】面板下方的【添加图层蒙版】按钮，为"组1"添加蒙版。

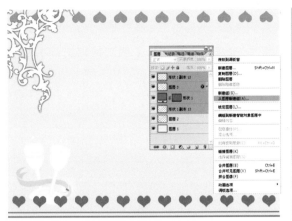

图160

图161

03 切换到【通道】面板，选中"组1蒙版"，单击其前面的□按钮，将蒙版显示出来。选择工具箱中的【渐变工具】■，在选项栏中选择【前景到透明】的渐变■，将渐变模式设置为【线性渐变】■，如图162所示。

图162

04 按住【Shift】键从右向左拖动鼠标，在"组1蒙版"通道中创建渐变效果，如图163所示。

05 单击"组1蒙版"通道前的◉标记，隐藏该蒙版，然后单击最上方的RGB通道，切换到RGB复合通道模式，可以看到所有的装饰条被应用了渐变效果，如图164所示。

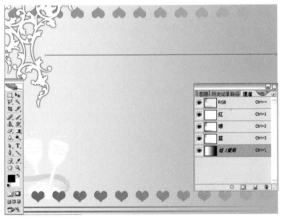

图163

图164

7.5.4 添加标题文字

01 选择工具箱中的【直排文字工具】T，在画面中单击鼠标，分别输入要添加的文字，并设置合适的字体、字号和颜色，如图165所示。

02 选择工具箱中的【椭圆选框工具】○，按住【Shift】键在"我"字上创建圆形选区，如图166所示。

图165

图166

03 单击【图层】面板下方的【创建新图层】按钮，新建"图层4"。执行菜单【编辑】→【描边】命令，在弹出的对话框中设置描边【宽度】为3像素，【颜色】为深粉色，如图167所示。然后单击【确定】按钮。

04 将"图层4"拖曳到【图层】面板下方的【创建新图层】按钮上，创建"图层4副本"。再使用【移动工具】将它垂直移动到"爱"字上方。再用相同的方式在"你"字上方添加圆形，如图168所示。

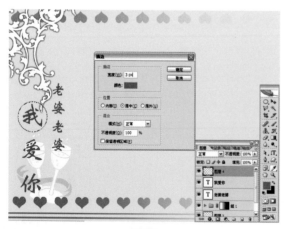

图167

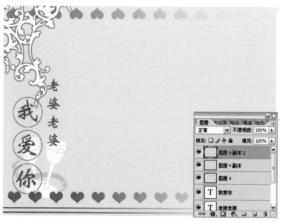

图168

7.5.5 制作装饰相框

01 打开附书光盘中提供的装饰素材 "Chap07/7_34.psd"，将它拖曳到模板中并移动到合适的位置，如图169所示。

02 选择工具箱中的【椭圆选框工具】，在画面中蝴蝶结的下方按住并拖动鼠标创建椭圆形选区，如图170所示。在创建选区的过程中，按住空格键可以移动它的位置，以便于精确绘制。

图169

图170

03 单击【图层】面板下方的【创建新图层】按钮，新建"图层6"并移动到"图层5"下方。将前景色设置为白色，按快捷键【Alt+Delete】以白色填充选区，如图171所示。

04 单击【图层】面板下方的【添加图层样式】按钮，在弹出的菜单中选择【投影】命令。然后在弹出的【图层样式】对话框中设置投影【混合模式】为【正片叠底】，颜色为黑色，【距离】为20像素，【扩展】为10%，【大小】为40像素，如图172所示。设置完成后，单击【确定】按钮。

图171

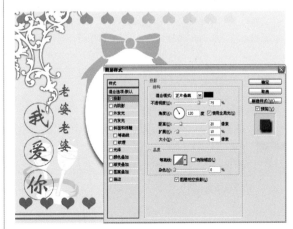

图172

05 按住【Ctrl】键单击【图层】面板中的"图层5"和"图层6"，将它们同时选中。按快捷键【Ctrl+T】，将鼠标指针置于控制点包围的区域外，按住并拖动鼠标使选中的两个图层同时旋转，如图173所示。然后按【Enter】键确认操作。

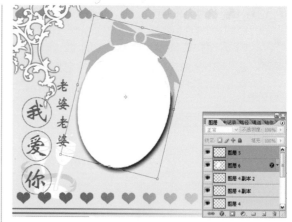

图173

7.5.6　画面合成

01 打开附书光盘提供的照片素材📀 "Chap07/7_35.psd"和📀 "Chap07/7_36.jpg"，将"7_36.jpg"拖曳到"7_35.psd"模板中并置于"组1"的下方。按快捷键【Ctrl+T】，拖动控制点调整它的大小和位置，如图174所示。

02 单击【图层】面板下方的【添加图层蒙版】按钮⬚，为人物所在的图层创建蒙版。选择工具箱中的【渐变工具】▢，在选项栏中选择【前景到透明】▨的渐变，渐变模式设置为【线性渐变】▢，如图175所示。

图174

图175

03 将前景色设置为黑色，背景色设置为白色，从左向右拖动鼠标，在蒙版中创建渐变效果，使照片左侧与背景融合，如图176所示。

04 打开附书光盘提供的照片素材📀 "Chap07/7_37.jpg"，将它拖曳到模板中并移动到"图层5"和"图层6"之间。按快捷键【Ctrl+T】，拖动控制点调整它的大小、位置和角度，如图177所示。然后按【Enter】键确认操作。

图176

图177

05 按住【Alt】键，将鼠标移到"图层8"和"图层6"之间，鼠标指针变为 标记。单击鼠标，即可建立图层剪贴蒙版，将照片置于相框中，最终的画面效果如图178所示。

图178

读书笔记

Photoshop 中文版

数码照片修饰技巧与创意宝典

第8章　宠物小精灵

　　动物是人类的朋友，它们为人类带来了许多欢乐和忧伤，它们能激发人类的童心和爱心，和它们相处的时光总是让人难以忘记。本章将介绍几款宠物数码照片模板的制作方法，留住那些值得回忆的时刻。

8.1 宠物乐园

本例将制作适用于宠物照片的模板，主题为"宠物乐园"，如图1所示（ ⬤ "Chap08/8_01. psd"）。此模板背景选用花朵照片，整个画面采用暖色与花朵相映衬，烘托出柔美的画面感觉。模板中的主题宠物占据了画面的右半部，与左侧三张宠物照片相呼应。

在制作时，先使用【钢笔工具】 ✎ 完成画面右侧的宠物抠图，再使用【椭圆选框工具】 ⬭ 为左侧的宠物头像创建图层蒙版。最后，再对画面做图层混合以及不透明度调整。

图1

8.1.1 用钢笔工具完成抠图

01 执行菜单【文件】→【新建】命令，在弹出的对话框中设置【宽度】为2272像素，【高度】为1704像素，在【名称】栏中输入模板主题"宠物乐园"，如图2所示。单击【确定】按钮新建文件。

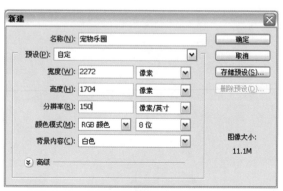

图2

02 打开附书光盘中提供的背景素材 💿"Chap08/8_02.jpg"，选择工具箱中的【移动工具】🔩，按住鼠标左键，将素材文件拖曳到新建的文件"宠物乐园"中，如图3所示。

图3

03 执行菜单【文件】→【打开】命令或按快捷键【Ctrl+O】，打开附书光盘中提供的素材照片💿"Chap08/8_03.jpg"，如图4所示。

图4

04 按快捷键【Ctrl+Alt+0】使画面以1：1的比例显示。选择工具箱中的【钢笔工具】🖊，沿着小狗的轮廓创建路径，如图5所示。

图5

8.1.2 将小狗置入模板中

01 路径创建完成后，切换到【路径】面板，如图6所示。单击面板下方的【将路径作为选区载入】按钮 ⭘，将路径转换为选区。

02 执行菜单【选择】→【羽化】命令或按快捷键【Ctrl+Alt+D】，在弹出的对话框中将【羽化半径】设置为30像素，如图7所示。设置完成后单击【确定】按钮，得到羽化后的选区。

图6

图7

03 按快捷键【Ctrl+C】复制选中的小狗图像,切换到先前创建的模板文件,按快捷键【Ctrl+V】将它粘贴到模板中,如图8所示。

04 执行菜单【编辑】→【自由变换】命令或按快捷键【Ctrl+T】,按住【Shift】键拖动控制点,按比例调整小狗图像的大小,如图9所示。调整完成后,按【Enter】键确认操作。

图8

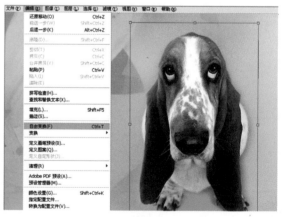

图9

8.1.3 用图层蒙版置入其他照片

01 执行菜单【文件】→【打开】命令或按快捷键【Ctrl+O】,打开附书光盘中的素材照片⊙"Chap08/8_04.jpg",如图10所示。

02 选择工具箱中的【移动工具】,将素材拖曳到模板中并移动到适当的位置,如图11所示。

图10

图11

03 选择工具箱中的【椭圆选框工具】○，在选项栏中将【羽化】设置为10像素，按住【Shift】键拖动鼠标，创建圆形选区选中狗的头部，如图12所示。

04 创建完选区后，单击【图层】面板下方的【添加图层蒙版】按钮○，将选区转换为图层蒙版，只显示出选中区域的图像，如图13所示。

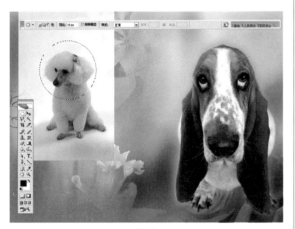

图12

图13

05 打开附书光盘中提供的另外两张宠物照片◎ "Chap08/8_05.jpg"和◎ "Chap08/8_06.jpg"，使用相同的操作方法，将它们置入到模板中，如图14所示。

图14

提　示

在创建选区的过程中，按住空格键可以移动选区，将它调整到合适的位置。

8.1.4　用图层混合模式丰富画面背景

01 执行菜单【文件】→【打开】命令或按快捷键【Ctrl+O】，打开附书光盘中提供的素材照片◎ "Chap08/8_07.jpg"，如图15所示。按快捷键【Ctrl+A】选中整个图像，再按快捷键【Ctrl+C】将它复制到剪贴板中。

02 切换到模板文件，按快捷键【Ctrl+V】将复制的图像粘贴到模板中，并将它移动到"图层1"的上方，如图16所示。

图15

图16

03 在【图层】面板中，将当前图层的混合模式设置为【正片叠底】，使它与背景融合，如图17所示。

04 单击【图层】面板下方的【添加图层蒙版】按钮◎，为当前图层添加蒙版。然后选择工具箱中的【画笔工具】✐，在选项栏中设置较大尺寸的柔和画笔。

图17

图18

05 将前景色设置为黑色，在画面上进行涂抹，去除一些不需要的图像，使整个背景更加协调，如图19所示。

06 接着，在【图层】面板上拖动【不透明度】下方的滑块，调整当前图层的不透明度，将它设置为60%，如图20所示。

图19

图20

8.1.5 添加文字装饰

01 执行菜单【文件】→【打开】命令或按快捷键【Ctrl+O】打开附书光盘中提供的素材文件💿"Chap08/8_08.psd"，如图21所示。

02 选择工具箱中的【移动工具】▶⊹，将素材文件"图层1"中的装饰框直接拖曳到模板中，如图22所示。

图21

图22

03 选择工具箱中的【横排文字工具】T，在模板上单击鼠标，分别输入需要添加的文字，并设置合适的字体、字号和颜色，如图23所示。

04 选择文字"宠物"图层，单击【图层】面板下方的【添加图层样式】按钮 ⑦.，并从弹出的菜单中选择【投影】命令，在弹出的对话框中设置投影属性，为文字添加阴影效果，如图24所示。

图23

图24

05 选择文字"乐园"图层，执行菜单【编辑】→【变换】→【旋转】命令，将鼠标指针放置在控制点包围的区域外，按住并拖动鼠标旋转文字，如图25所示。调整完成后，按【Enter】键确认操作。

图25

06 打开附书光盘中提供的花朵素材 "Chap08/8_09.psd"，将"图层1"中的花朵拖曳到模板中，并移动到合适的位置，按快捷键【Ctrl+T】调出自由变换框，拖动控制点调整它的大小。调整完成后，按【Enter】键确认操作，完成整个模板制作，如图26所示。

图26

8.2 我有我宠

本例介绍一款适用于宠物照片的模板，主题为"我有我宠"。整个模板采用冷色调并与花朵相映衬，构成静美的画面效果，如图27所示（ ● "Chap08/8_10.psd"）。在制作模板时，先使用【套索工具】抠图，将宠物与背景分离，然后使用定义画笔预设的方法制作图片边框。

图27

8.2.1 使用套索工具完成柔化边缘抠图

01 执行菜单【文件】→【新建】命令，在弹出的对话框中设置【宽度】为2272像素，【高度】为1704像素，在【名称】栏中输入模板主题"我有我宠"，如图28所示。单击【确定】按钮新建文件。

图28

02 打开附书光盘中提供的背景素材 "Chap08/8_11.jpg"，选择工具箱中的【移动工具】，将素材文件拖曳到新建的文件"我有我宠"中，如图29所示。

图29

03 执行菜单【文件】→【打开】命令或按快捷键【Ctrl+O】，打开附书光盘中的宠物照片 "Chap08/8_12.jpg"，如图30所示。

图30

04 选择工具箱中的【套索工具】，在选项栏中将【羽化】设置为60像素，勾选【消除锯齿】复选框，如图31所示。

图31

05 按住并拖动鼠标，沿宠物的轮廓创建选区。创建完成后，可以按住【Shift】键拖动鼠标增加选区，也可以按住【Alt】键拖动鼠标，去除多余的选区。按快捷键【Ctrl+C】将选中的图像复制到剪贴板，如图32所示。

06 切换到模板所在的图像文件，按快捷键【Ctrl+V】将复制的宠物粘贴到背景上。执行菜单【编辑】→【变换】→【缩放】命令，按住【Shift】键拖动控制点调整它的大小和位置，如图33所示。调整完成后，按【Enter】键确认操作。

图32

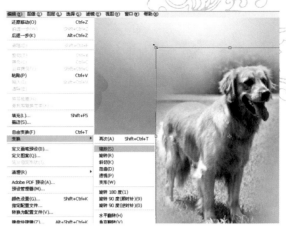

图33

8.2.2 在背景上添加星光效果

01 单击【图层】面板下方的【创建新图层】按钮，新建图层，如图34所示。

02 选择工具箱中的【画笔工具】，执行菜单【窗口】→【画笔】命令或按快捷键【F5】，打开【画笔】面板，并将画笔的显示方式设置为【大缩览图】，以便于查看预设画笔效果，如图35所示。

图34

图35

03 在【画笔】面板菜单中选择【混合画笔】命令，在弹出的信息提示窗口中单击【确定】按钮，载入混合画笔，如图36所示。

04 选择预设的星光画笔，并在【画笔】面板上选择画笔笔尖形状。将【角度】设置为30度，拖动【直径】下方的滑块调整画笔大小。然后在画面中单击鼠标绘制出不同大小的星星效果。再使用圆形画笔绘制其他发光点，如图37所示。

图36

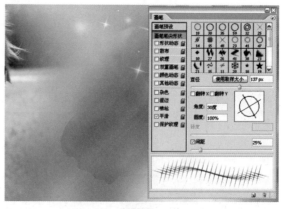

图37

提 示

在面板菜单中选择【复位画笔】命令，可以将预设画笔重置为默认状态。

8.2.3 创建圆形装饰图案

01 单击【图层】面板下方的【创建新图层】按钮，创建新的图层，如图38所示。

02 选择工具箱中的【画笔工具】，在【画笔】面板中选择预设的圆形画笔，并拖动【直径】下方的滑块调整画笔大小。将前景色设置为黑色，在画面上单击鼠标绘制出多个连接在一起的圆形图案，如图39所示。

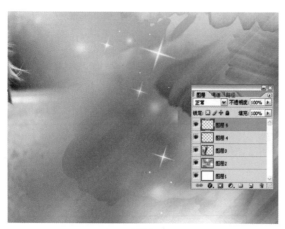

图38

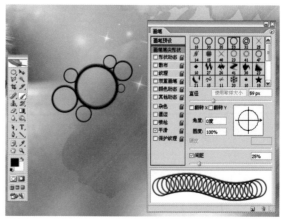

图39

03 在【图层】面板中按住【Ctrl】键单击"图层5"的缩略图，将图层载入选区，如图40所示。

04 执行菜单【编辑】→【定义画笔预设】命令，在弹出的对话框中指定画笔名称，单击【确定】按钮，如图41所示。

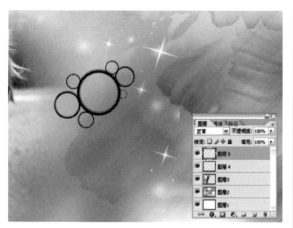

图40

图41

05 使用【矩形选框工具】🔲选中"图层5"中绘制的圆环，并按【Delete】键将其删除。选择【画笔工具】✏️，在选项栏中选择先前定义的画笔，如图42所示。

06 将前景色设置为白色，在画面中单击鼠标数次，绘制出排列在画面边缘的环形图案，如图43所示。

图42

图43

07 执行菜单【滤镜】→【模糊】→【高斯模糊】命令，在弹出的对话框中将【半径】设置为4像素，使环形框变得柔和，如图44所示。

图44

8.2.4 添加装饰框

01 执行菜单【文件】→【打开】命令或按快捷键【Ctrl+O】，打开附书光盘中提供的边框素材⚫"Chap08/8_13.psd"，如图45所示。

02 选择工具箱中的【移动工具】▶⊕，将素材拖曳到模板中并移动到适当的位置，如图46所示。

图45

图46

03 单击【图层】面板上混合模式框右侧的三角按钮，在弹出的菜单中选择【亮度】命令，通过更改图层混合模式，使边框与背景融合，如图47所示。

04 单击【图层】面板下方的【添加图层样式】按钮 ⚙，从弹出的菜单中选择【外发光】命令。在弹出的对话框中设置参数，为边框添加外发光效果，如图48所示。

图47

图48

8.2.5 添加文字特效

01 选择工具箱中的【横排文字工具】，在画面中输入文字并设置合适的字体、字号和颜色，如图49所示。

图49

02 在【图层】面板的文字图层上单击鼠标右键，从弹出的菜单中选择【栅格化文字】命令，将文字图层转换为普通图层，如图50所示。

图50

03 按住【Ctrl】键单击文字所在图层的缩略图，载入文字选区，如图51所示。

图51

04 选择工具箱中的【渐变工具】，在选项栏中选择【铬黄】预设渐变类型，并将渐变模式设置为【角度渐变】，如图52所示。

图52

05 在选中的文字区域从左向右拖动鼠标，创建出渐变文字效果，如图53所示。

图53

06 单击【图层】面板下方的【添加图层样式】按钮 *◯.*，从弹出的菜单中选择【外发光】命令，在弹出的对话框中设置【扩展】为8%，【大小】为32像素，如图54所示。

图54

07 选中对话框中的【斜面和浮雕】选项，按照图53所示设置各项参数，为文字添加立体效果。

图55

08 选中对话框中的【等高线】选项，单击等高线预设框右侧的三角按钮，从下拉列表中选择一种等高线样式，改变文字的浮雕效果，如图56所示。

图56

8.2.6 添加装饰花朵

01 打开附书光盘中提供的花朵素材 ◉ "Chap08/8_14.jpg"，选择工具箱中的【套索工具】 *◯*，选中一个花朵，如图57所示。

02 按快捷键【Ctrl+C】将选中的花朵复制到剪贴板，切换到模板文件，按快捷键【Ctrl+V】将复制的花朵粘贴到模板中，如图58所示。

图57

图58

03 选择工具箱中的【魔棒工具】，在选项栏中将【容差】设置为30，然后在花朵的白色区域单击鼠标，选中花朵的背景，再按【Delete】键删除选中的背景，如图59所示。

04 按快捷键【Ctrl+D】取消选区，将花朵拖曳到【图层】面板下方的按钮上创建副本，再选择【移动工具】将它们分别移动到适当的位置，并按快捷键【Ctrl+T】，拖动控制点调整花朵的大小，如图60所示。

图59

图60

05 选择位于下方的花朵所在的图层，将它的图层【不透明度】设置为80%，然后将图层混合模式设置为【溶解】，如图61所示。

图61

06 选择位于上方的花朵所在的图层，将它的图层【不透明度】设置为80%，完成花朵装饰，如图62所示。

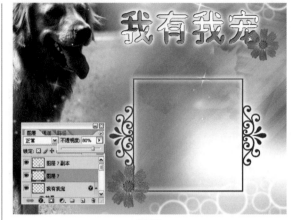

图62

8.2.7 画面合成

01 打开附书光盘中提供的素材照片 "Chap08/8_05.jpg"。选择工具箱中的【移动工具】，将它拖曳到模板中，并按快捷键【Ctrl+T】，拖动控制点调整它的大小，如图63所示。

图63

02 将宠物所在的"图层8"拖动到装饰框所在的"图层6"的下方，如图64所示。

03 选择工具箱中的【矩形选框工具】，沿着装饰框的边缘创建矩形选区，如图65所示。

图64

图65

04 单击【图层】面板下方的【添加图层蒙版】按钮，将选区转换为图层蒙版，完成最终的画面合成，如图66所示。

图66

8.3　快乐小明星

本例制作的宠物照片的模板主题为"快乐小明星"，模板中通过烟花、环形的光晕、装饰物、星光等元素，烘托出欢快的气氛，如图67所示（ "Chap08/8_15.psd"）。本例的制作重点是使用羽化方式抠图以及创建环形光晕的方法。

图67

8.3.1 调整背景色调

01 执行菜单【文件】→【新建】命令，在弹出的对话框中设置【宽度】为2272像素，【高度】为1704像素，在【名称】栏中输入模板主题"快乐小明星"，如图68所示。单击【确定】按钮新建文件。

02 打开附书光盘中提供的背景素材 ● "Chap08/ 8_16.jpg"，选择工具箱中的【移动工具】，将素材文件拖曳到新建的模板文件中，如图69所示。

图68

图69

03 执行菜单【图像】→【调整】→【色相/饱和度】命令或者按快捷键【Ctrl+U】，打开【色相/饱和度】对话框，如图70所示。

04 拖动【色相】下方的三角滑块，调整画面的色调，使整个画面呈现出欢快的氛围，如图71所示。

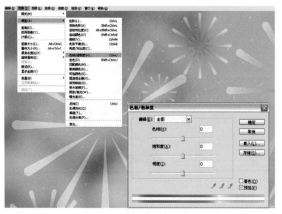

图70

图71

8.3.2 用羽化选区抠图

01 打开附书光盘中提供的宠物主题图片 "Chap08/8_04.jpg"，如图72所示。按快捷键【Ctrl+A】选中整个画面，再按快捷键【Ctrl+C】将它复制到剪贴板中。

02 切换到模板文件，按快捷键【Ctrl+V】，将它粘贴到模板中。再按快捷键【Ctrl+T】调出自由变换框，拖动控制点将照片调整到合适大小，如图73所示。

图72

图73

03 选择工具箱中的【套索工具】，沿着宠物的轮廓创建选区，如图74所示。

04 执行菜单【选择】→【羽化】命令或按快捷键【Ctrl+Alt+D】，打开【羽化选区】对话框。将【羽化半径】设置为60像素，然后单击【确定】按钮羽化选区，如图75所示。

图74

图75

05 单击【图层】面板下方的【添加图层蒙版】按钮□，将选区转换为图层蒙版，就可以完成宠物抠图，如图76所示。

图76

8.3.3 制作环形光晕效果

01 单击【图层】面板下方的【创建新图层】按钮□，创建新的图层。执行菜单【视图】→【标尺】命令或按快捷键【Ctrl+R】，在画面上显示标尺，如图77所示。

02 向下拖动标尺的下边缘，创建水平参考线，如图78所示。

图77

图78

03 向右拖动标尺的左边缘，创建垂直参考线，如图79所示。

04 选择工具箱中的【椭圆选框工具】○，将鼠标指针放置在参考线的交叉点上，按住【Shift+Alt】键拖动鼠标，创建圆形选区，如图80所示。

图79

图80

05 将前景色设置为白色，按快捷键【Alt+Delete】以白色填充选区，再在【图层】面板上将【不透明度】设置为50%，如图81所示。

06 按快捷键【Ctrl+D】取消选区，选择工具箱中的【椭圆选框工具】，将鼠标指针放置在参考线的交叉点上，按住【Shift+Alt】键拖动鼠标，创建一个更大尺寸的圆形选区，如图82所示。

图81

图82

07 执行菜单【选择】→【修改】→【边界】命令，在弹出的对话框中将【宽度】设置为30像素，如图83所示。

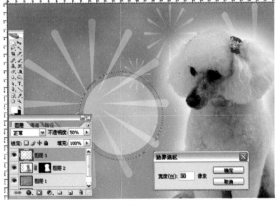

图83

321

08 单击【确定】按钮，将选区扩展为边界选区，然后按快捷键【Alt+Delete】以前景中的白色填充选区，如图84所示。

09 使用相同的方法，创建更大的选区，并分别修改边界【宽度】为20像素、15像素，再以白色填充，就可以制作出环形光晕效果，如图85所示。

图84

图85

10 将环形光晕移动到合适的位置，然后在【图层】面板中将光晕图层拖曳到面板下方的【创建新图层】按钮■上创建副本。再按快捷键【Ctrl+T】调出自由变换框，拖动控制点调整环形光晕的大小和位置，如图86所示。

11 用同样的方法，创建多个光晕图层的副本，并调整它们的大小和位置，完成环形光晕的制作，如图87所示。

图86

图87

8.3.4 添加装饰对象

01 执行菜单【文件】→【打开】命令或按快捷键【Ctrl+O】，打开附书光盘中提供的装饰素材⊙"Chap08/8_17.psd"，如图88所示。

图88

02 选择工具箱中的【移动工具】，将素材拖曳到模板中并按快捷键【Ctrl+T】调出自由变换框，拖动控制点调整它的大小，如图89所示。

图89

03 将装饰对象移动到合适的位置，然后在【图层】面板中将它的【不透明度】设置为70%，如图90所示。

图90

8.3.5 添加文字标题

01 选择工具箱中的【横排文字工具】【T】，在画面中单击鼠标并输入文字。然后设置合适的字体、颜色、大小和位置，如图91所示。

02 按快捷键【Ctrl+T】，将鼠标指针放置在控制点包围的区域外，按住并拖动鼠标旋转文字，如图92所示。

图91

图92

03 使用相同的方法输入其他文字，并根据需
要调整角度、大小、位置和不透明度，完
成文字添加工作，如图93所示。

图93

8.3.6　进一步修饰文字标题

01 选择工具箱中的【自定形状工具】，
在选项栏中选择星星的形状，如图94
所示。

图94

02 单击【图层】面板下方的【创建新图层】按钮🔲创建新的图层。按下选项栏上的【填充像素】按钮🔲，在画面上按住并拖动鼠标绘制星星图案，如图95所示。

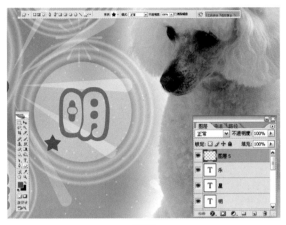

图95

03 选择工具箱中的【渐变工具】🔳，在选项栏中选择预设的【橙色、黄色、橙色】渐变，并将渐变绘制模式设置为【径向渐变】🔳，如图96所示。

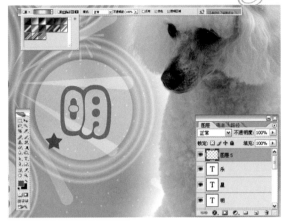

图96

04 按住【Ctrl】键单击【图层】面板中星星所在图层的缩略图，载入星星的选区。在选区中从星星的中心向角的位置拖动鼠标，创建渐变填充效果，如图97所示。

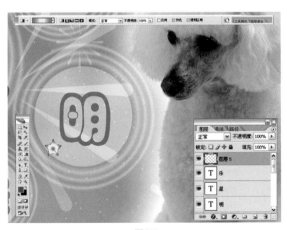

图97

05 重复前面介绍的新建图层、绘制星星、渐变填充步骤，并将星星放置到合适的位置，就可以完成整个模板的制作，如图98所示。

图98

8.4 精灵猫咪

　　本例介绍适用于宠物照片的模板，主题为"精灵猫咪"。素材照片选用浪漫色彩的花朵照片，整个画面采用暖色调，淡雅的玫瑰与主体猫咪营造出浪漫温馨的气氛，如图99所示（ "Chap08/8_18.psd"）。本例的操作重点是如何利用蒙版合成画面。

图99

8.4.1 编辑渐变背景画面

01 执行菜单【文件】→【新建】命令，在弹出的对话框中设置【宽度】为2272像素，【高度】为1704像素，在【名称】栏中输入模板主题"精灵猫咪"，如图100所示。单击【确定】按钮新建文件。

图100

02 打开附书光盘中提供的背景素材 "Chap08/8_19.jpg"，选择工具箱中的【移动工具】，将素材文件拖曳到新建的模板文件中，如图101所示。

03 单击【图层】面板下方的【创建新图层】按钮，创建一个新的图层。将前景色设置为嫩绿色（R：156，G：250，B：55），如图102所示。

图101

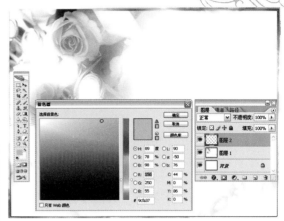

图102

04 选择工具箱中的【渐变工具】，在选项栏中将渐变方式设置为【前景到透明】。按住【Shift】键，从下向上拖动鼠标，创建渐变填充效果，如图103所示。

05 在【图层】面板中将渐变图层的混合模式设置为【正片叠底】，使渐变效果与背景融合，如图104所示。

图103

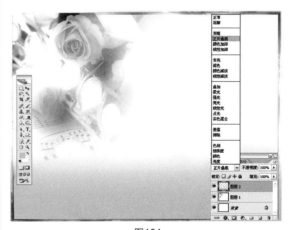

图104

8.4.2　添加创意相框

01 打开附书光盘中提供的相框素材 "Chap08/8_20.psd"，如图105所示。

02 选择工具箱中的【移动工具】，按住并拖动鼠标，将它拖曳到模板文件中。按快捷键【Ctrl+T】调出自由变换框，拖动控制点调整相框的大小，如图106所示。

图105

图106

03 单击【图层】面板下方的【添加图层样式】按钮 ，从弹出的菜单中选择【投影】命令，在对话框中设置阴影属性，为相框添加阴影效果，如图107所示。

04 选中对话框左侧的【斜面和浮雕】选项，在对话框中调整参数，为相框添加立体浮雕效果，如图108所示。

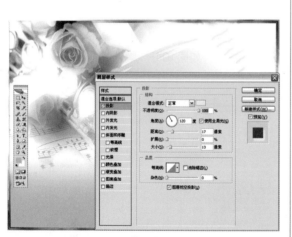

图107

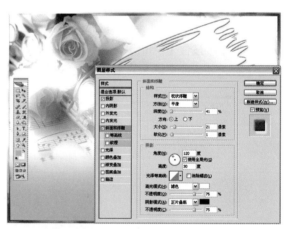

图108

8.4.3　添加气泡和木栅栏装饰

01 打开附书光盘中提供的气泡素材 "Chap08/8_21.psd"，如图109所示。

图109

02 选择工具箱中的【移动工具】，按住并拖动鼠标，将气泡拖曳到模板文件中，如图110所示。

图110

03 在【图层】面板中将气泡图层的混合模式设置为【滤色】，使气泡呈现晶莹剔透的效果，如图111所示。

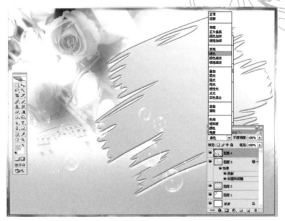

图111

04 打开附书光盘中提供的木栅栏素材 "Chap08/8_22.psd"。选择工具箱中的【移动工具】，按住并拖动鼠标，将木栅栏拖曳到模板文件中，按快捷键【Ctrl+T】调出自由变换框，拖动控制点调整它的大小和位置，如图112所示。

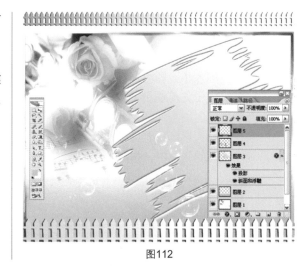

图112

8.4.4 合成宠物照片

01 打开附书光盘中提供的宠物照片 "Chap08/8_23.jpg"，如图113所示。按快捷键【Ctrl+A】选中整个图像，再按快捷键【Ctrl+C】将它复制到剪贴板中。

图113

02 切换到模板文件，在【图层】面板中选择创意相框所在的"图层3"。然后按住【Ctrl】键单击"图层3"的缩略图，将其载入选区，如图114所示。

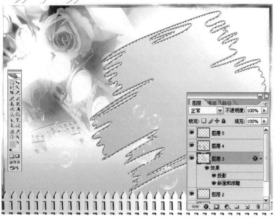

图114

03 执行菜单【编辑】→【贴入】命令，或按快捷键【Ctrl+Shift+V】，将先前复制的宠物照片粘贴到选区中，如图115所示。

图115

04 按快捷键【Ctrl+T】，拖动控制点调整宠物照片的大小，即可完成创意相框区域的合成。由于先前使用了【贴入】命令，为宠物所在的图层添加了蒙版，因此，在调整照片的大小和位置时，都可以保持照片处于指定的相框中，如图116所示。

图116

05 打开附书光盘中提供的另外一张宠物照片 "Chap08/8_24.jpg"，如图117所示。按快捷键【Ctrl+A】选中整个图像，再按快捷键【Ctrl+C】将它复制到剪贴板中。

图117

06 切换到模板文件，按快捷键【Ctrl+V】，将复制的宠物照片粘贴到模板中，并移动到"图层6"的下方，如图118所示。

07 将照片移动到适当的位置，按快捷键【Ctrl+T】，拖动控制点调整照片的大小，如图119所示。调整完成后，按【Enter】键确认操作。

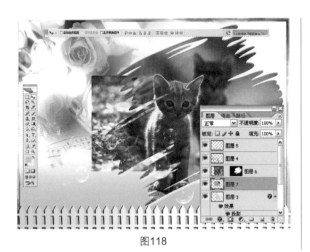

图118

图119

08 选择工具箱中的【橡皮擦工具】 ，在选项栏中设置较大的画笔尺寸，并将【硬度】设置为0%，如图120所示。

09 按住并拖动鼠标左键，擦除画面上多余的区域，使左侧的照片与背景融合在一起，如图121所示。

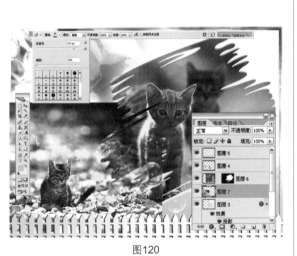

图120

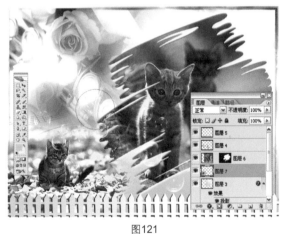

图121

8.4.5 添加文字特效

01 选择工具箱中的【横排文字工具】 ，在画面中单击鼠标输入要添加的文字，并设置合适的字体、字号和颜色，如图122所示。

02 单击【图层】面板下方的【添加图层样式】按钮 ，并从弹出菜单中选择【投影】命令，在弹出的对话框中设置投影属性，为文字添加阴影效果，如图123所示。

图122

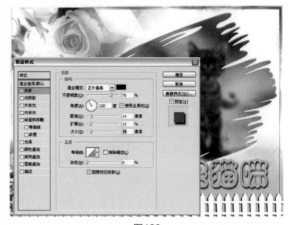

图123

03 选中对话框左侧的【描边】选项，将描边的【大小】设置为6像素，【颜色】设置为白色，为文字描边，如图124所示。

04 在【图层】面板中选择"小懒猫"图层，按住【Ctrl】键在该图层上单击，调出该图层的选区。

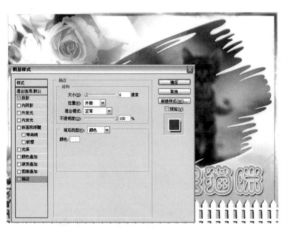

图124

图125

8.4.6　进一步装饰文字

01 打开附书光盘中提供的装饰素材"Chap08/8_25.psd"，如图126所示。

图126

02 选择工具箱中的【移动工具】，将蝴蝶素材拖曳到模板中，如图127所示。

03 选择工具箱中的【矩形选框工具】，按住并拖动鼠标选中一只蝴蝶，再按快捷键【Ctrl+C】将它复制到剪贴板中，如图128所示。

图127

图128

04 按快捷键【Ctrl+V】将复制的蝴蝶多次粘贴到画面中，并调整它们的大小和位置，如图129所示。

05 在【图层】面板中单击"图层8"，然后按住【Shift】键单击"图层13"，选中所有蝴蝶图案的图层，如图130所示。

图129

图130

06 按快捷键【Ctrl+E】，将所有选中的图层合并为一个图层，如图131所示。

07 单击【图层】面板下方的【添加图层样式】按钮，从弹出的菜单中选择【投影】命令。在弹出的对话框中设置投影属性，为蝴蝶添加阴影效果，如图132所示。

图131

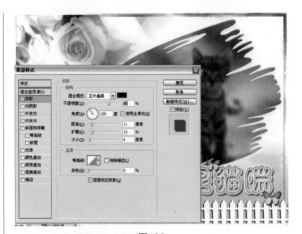

图132

08 设置完成后，单击【确定】按钮，完成整个模板的制作，如图133所示。

图133

Photoshop 中文版
数码照片修饰技巧与创意宝典

　　每个人的人生道路上都离不开友情与亲情的陪伴，结伴游玩、久别重逢或节日欢聚都是值得珍藏的时刻。本章将介绍一些旅行、节日与聚会主题模板的制作和使用，将这些温馨的时刻永远珍藏。

9.1 欢乐时光

　　本例介绍的是一款适合欢乐聚会或出游的照片模板，画面上的烟花以及金色的相框呈现出喜悦、活泼、华美、温和、欢乐的气氛，如图1所示（ ● "Chap09/9_01.psd"）。本例重点介绍使用【自定形状工具】 ❑ 制作装饰相框的方法。

图1

9.1.1 制作背景画面

01 执行菜单【文件】→【新建】命令，在弹出的对话框中设置【宽度】为2272像素，【高度】为1704像素，在【名称】栏中输入模板主题"欢乐时光"，如图2所示。单击【确定】按钮建立图像文件。

02 打开附书光盘中提供的背景素材 ● "Chap09/9_02.jpg"，选择工具箱中的【移动工具】 ⊹ ，按住【Shift】键拖动鼠标，将背景图像移动到模板中，如图3所示。

图2

图3

03 选择工具箱中的【画笔工具】✐，在选项栏中将画笔【主直径】设置为65像素，【硬度】设置为0%，如图4所示。

图4

04 执行菜单【窗口】→【画笔】命令，显示【画笔】面板。在左侧列表中选中【形状动态】选项，将【大小抖动】设置为100%，【最小直径】设置为0%，如图5所示。

图5

05 选中【散布】选项，将散布随机性设置为1000%，【数量】设置为1，【数量抖动】设置为0%，如图6所示。

图6

06 单击【图层】面板下方的【创建新图层】按钮◻，新建图层。将前景色设置为紫色，用【画笔工具】✐在画面中随意单击，绘制紫色的光点效果，如图7所示。

图7

9.1.2 绘制圆角矩形相框

01 选择工具箱中的【圆角矩形工具】◻。在选项栏中将【半径】设置为35像素，单击【形状图层】按钮◻，按住鼠标左键，在画面中拖动鼠标创建圆角矩形形状图层，如图8所示。

02 单击选项栏中的【从形状区域减去】按钮◻，按住并拖动鼠标在原先绘制的图形内绘制一个较小的圆角矩形，如图9所示。

提 示

在绘制过程中，按住【Space】键可以移动圆角矩形，以便于精确定位。

图8

图9

03 释放鼠标后，将从原先的圆角矩形中减去新绘制的图形，得到圆角边框效果，如图10所示。

图10

9.1.3 绘制精美相框装饰

01 选择工具箱中的【自定形状工具】，在选项栏菜单中选择预设的【装饰】命令，并在弹出的对话框中单击【确定】按钮，载入预设装饰形状，如图11所示。

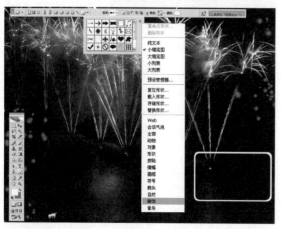

图11

02 在选项栏的预设形状列表中选择【饰件5】，按住【Shift】键拖动鼠标，以原始比例在画面中添加装饰图案，如图12所示。

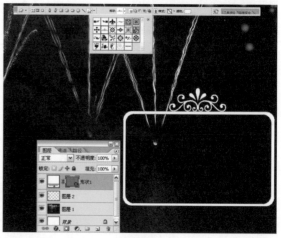

图12

03 在选项栏的预设形状列表中选择【饰件1】，按住【Shift】键拖动鼠标，以原始比例在画面上添加新的装饰图案，如图13所示。

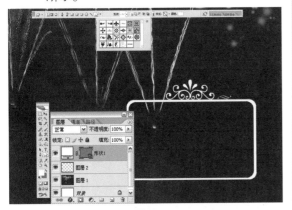

图13

04 选择工具箱中的【路径选择工具】，单击鼠标选中路径，如图14所示。

图14

05 按住【Alt】键，鼠标指针变为形状，按住并拖动鼠标，即可创建图形副本，如图15所示。

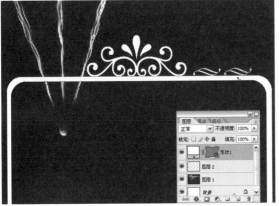

图15

06 用同样的方式创建多个形状副本，并将它们沿着边框均匀排列，如图16所示。

图16

07 在【图层】面板中双击"形状1"的图层缩览图，在弹出的【拾色器】对话框中设置边框的颜色（R：255，G：238，B：97），如图17所示。设置完成后，单击【确定】按钮。

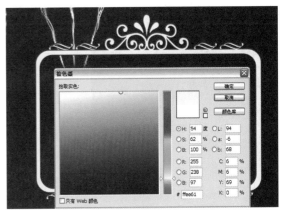

图17

08 单击【图层】面板下方的【添加图层样式】按钮 ⏺，从弹出的菜单中选择【描边】命令。在弹出的对话框中将描边【大小】设置为2像素，【颜色】设置为棕色（R：113，G：32，B：0），如图18所示。单击【确定】按钮，为相框添加棕色边缘。

09 将"形状1"图层拖曳到【图层】面板下方的【创建新图层】按钮 ⏹ 上，分别创建"形状1副本"和"形状1副本2"图层，并将它们水平排列在画面下方，如图19所示。

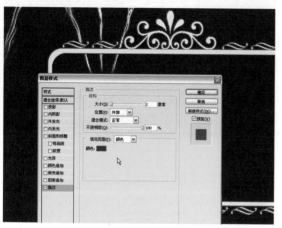

图18

图19

9.1.4 添加特效文字

01 选择工具箱中的【横排文字工具】 Ⓣ，在模板上单击鼠标输入文字标题，并设置合适的字体、大小和颜色，如图20所示。

02 单击【图层】面板下方的【添加图层样式】按钮 ⏺，从弹出菜单中选择【渐变叠加】命令。然后在弹出的【图层样式】对话框中设置渐变【混合模式】为【正常】，【样式】为【线性】，【角度】为90度，如图21所示。

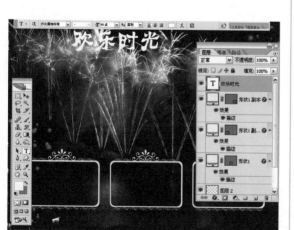

图20

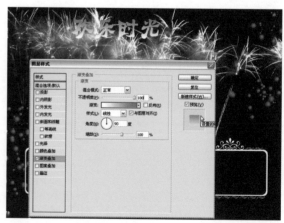

图21

03 单击对话框中的渐变框，在弹出的【渐变编辑器】中编辑渐变样式，▢的色值为（R：255，G：204，B：60），▨的色值为（R：167，G：58，B：0），如图22所示。设置完成后，单击【确定】按钮，为文字添加渐变填充效果。

图22

04 选中【图层样式】对话框中的【描边】选项，将描边【大小】设置为3像素，【颜色】设置为白色，为文字添加白色边框，如图23所示。

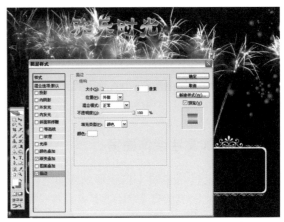

图23

05 选中【图层样式】对话框中的【外发光】选项，将【混合模式】设置为【滤色】，【颜色】设置为黄色，【扩展】设置为15%，【大小】设置为15像素，如图24所示。单击【确定】按钮，将效果应用到文字中。

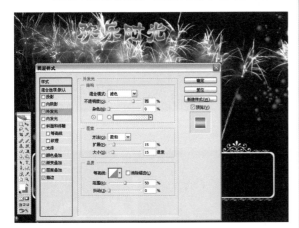

图24

06 选择工具箱中的【横排文字工具】T，在模板中单击鼠标输入新的文字标题，并设置合适的字体、字号和颜色，如图25所示。

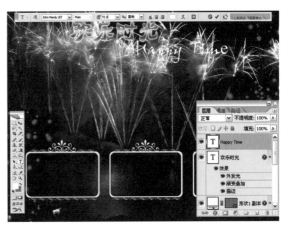

图25

07 在【图层】面板中选择"欢乐时光"所在的图层，单击鼠标右键，从弹出的菜单中选择【拷贝图层样式】命令，如图26所示。

08 在【图层】面板中选择"Happy Time"所在的图层，单击鼠标右键，从弹出的菜单中选择【粘贴图层样式】命令，将复制的图层样式粘贴到当前文字图层中，如图27所示。

图26

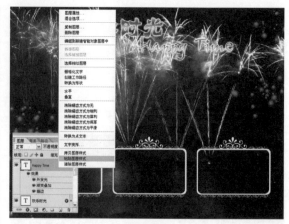

图27

9.1.5　添加文字装饰图案

01 选择工具箱中的【自定形状工具】，在选项栏中选择【饰件5】，按住并拖动鼠标绘制新的装饰图形，如图28所示。

02 按快捷键【Ctrl++】数次，将画面放大显示。选择工具箱中的【直接选择工具】，按住并拖动鼠标选中装饰图形左侧的锚点，如图29所示。

图28

图29

03 选择完成后，按【Delete】键删除锚点，相应的路径也被删除，如图30所示。

图30

04 用相同的方法选中并删除其他不需要的锚点和路径，得到如图31所示的效果。

05 选择工具箱中的【路径选择工具】，拖动鼠标将图形移动到文字右侧。按快捷键【Ctrl+T】，拖动控制点调整它的大小和角度，如图32所示。按【Enter】键确认操作。

图31

图32

06 在装饰图形所在的图层上单击鼠标右键，从弹出的菜单中选择【粘贴图层样式】命令，将先前复制的图层样式粘贴到当前图层中，如图33所示。

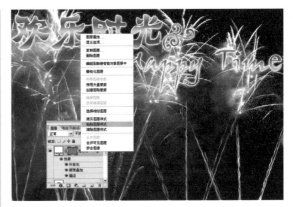

图33

07 将装饰图形拖曳到【图层】面板下方的【创建新图层】按钮上创建副本，并将它移动到文字"Happy Time"的左侧，如图34所示。

图34

08 按快捷键【Ctrl+T】，拖动控制点调整它的大小和角度。调整完成后，按【Enter】键确认操作，得到如图35所示的效果。

图35

9.1.6　画面合成

01 打开附书光盘中提供的照片素材⊙"Chap09/9_03.jpg"，将它拖曳到模板中并置于"图层1"的上方，如图36所示。

02 选择工具箱中的【橡皮擦工具】 ，在选项栏中设置较大尺寸的柔和画笔，在照片边缘涂抹，使照片与背景融合，如图37所示。

图36

图37

03 按快捷键【Ctrl+T】，按住【Shift】键拖动控制点将照片按比例缩小，并移动到如图38所示的位置。按【Enter】键确认操作。

图38

04 在【图层】面板上将它的图层混合模式设置为【变亮】，图层【不透明度】设置为80%，使照片与背景进一步融合，如图39所示。在这里，也可以根据照片的实际情况选择其他的图层混合模式。

图39

05 打开附书光盘中提供的照片素材 "Chap09/9_04.jpg"，如图40所示。

图40

06 将素材照片复制、粘贴到模板中，并移动到先前粘贴的照片图层上方。按快捷键【Ctrl+T】，拖动控制点调整照片的大小和位置，如图41所示。

图41

07 在相应的相框形状图层上单击鼠标右键，从弹出的菜单中选择【栅格化图层】命令，将形状图层转换为普通图层，如图42所示。

图42

08 在【图层】面板中选择转换完成后的图层，选择工具箱中的【魔棒工具】，在相框中心单击鼠标，选中相框内部的圆角矩形区域，如图43所示。

09 选择相框中照片所在的图层，单击【图层】面板下方的【添加图层蒙版】按钮，将选区转换为图层蒙版，将照片置入相框中，如图44所示。

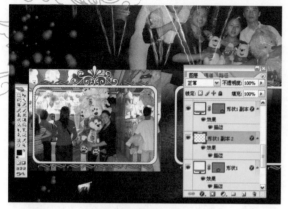

图43

图44

10 打开附书光盘中的另外两张照片
●"Chap09/9_05.jpg"和●"Chap09/
9_06.jpg",用同样的方式进行处理,
即可得到最终的画面合成效果,如图45
所示。

图45

9.2　难忘今宵

　　本例介绍的模板使用了较深的蓝色和绿色两种混合色调,能给人一种恬静和成熟的感觉,点缀星光和蝴蝶装饰体现了欢快的气氛,如图46所示(●"Chap09/9_07.psd")。本例重点介绍使用动作制作圆形装饰和相框边框的方法。

图46

9.2.1　合成背景画面

01 执行菜单【文件】→【新建】命令，在弹出的对话框中设置【宽度】为2272像素，【高度】为1704像素，在【名称】栏中输入模板主题"欢乐聚会"，如图47所示。单击【确定】按钮，在工作区建立文件。

图47

02 打开附书光盘中提供的背景素材 "Chap09/9_08.jpg"和 "Chap09/ 9_09.jpg"，如图48所示。

图48

03 将背景素材分别复制并粘贴到先前创建的模板中，如图49所示。

图49

04 将"图层2"的混合模式设置为【强光】,使两个背景素材图层混合。单击【图层】面板下方的【添加图层蒙版】按钮◻,添加图层蒙版,如图50所示。

05 按【D】键重置前景色和背景色。选择工具箱中的【渐变工具】◻,在选项栏中设置【前景到背景】的渐变模式,然后从上向下拖动鼠标编辑蒙版,调整两个背景素材图层的合成效果,如图51所示。

图50

图51

9.2.2 添加放射光线效果

01 单击【图层】面板下方的【创建新图层】按钮◻创建新图层。选择工具箱中的【套索工具】◻,按住并拖动鼠标随意创建选区。按快捷键【Ctrl+Delete】以背景中的白色填充选区。再按快捷键【Ctrl+D】取消选区,如图52所示。

02 执行菜单【滤镜】→【模糊】→【径向模糊】命令,在弹出的对话框中设置【数量】为100%,【模糊方法】为【缩放】,【品质】为【好】,如图53所示。

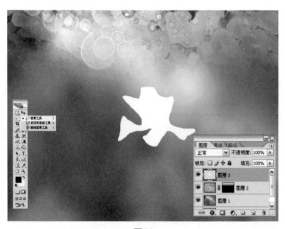

图52

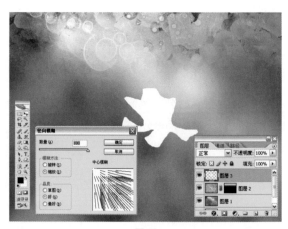

图53

03 单击【确定】按钮,画面中出现放射光线效果,如图54所示。

04 按快捷键【Ctrl+T】,拖动控制点调整放射光线的大小、角度和位置,如图55所示。按【Enter】键确认变形操作。

图54

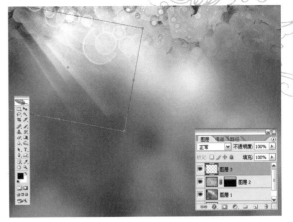

图55

9.2.3　添加星光效果

01 打开附书光盘中提供的星光素材 "Chap09/9_10.psd"，如图56所示。

02 将星光图片拖曳到模板中，并移动到合适的位置，如图57所示。

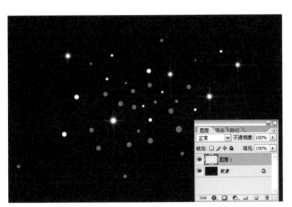

图56

图57

03 将"星光"所在的图层拖曳到【图层】面板下方的【创建新图层】按钮上3次，并分别将它们移动到合适的位置，完成画面上的星光添加，如图58所示。

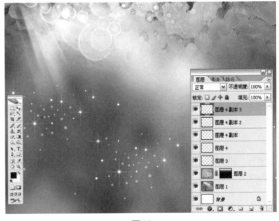

图58

9.2.4　使用动作创建渐变圆点

01 单击【图层】面板下方的【创建新图层】按钮 ◻ 创建新的图层。选择工具箱中的【椭圆选框工具】 ◯，按住【Shift】键拖动鼠标，创建圆形选区。然后将前景色设置为白色，按快捷键【Alt+Delete】以白色填充选区，如图59所示。

02 执行菜单【窗口】→【动作】命令，在工作区显示【动作】面板。单击【动作】面板下方的【创建新动作】按钮 ◻ 新建动作，并在弹出的对话框中设置快捷键，如图60所示。设置完成后，单击【确定】按钮，开始录制动作。

图59

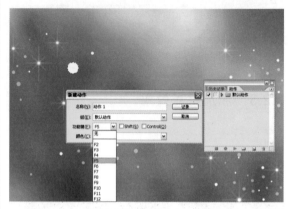

图60

03 执行菜单【选择】→【修改】→【收缩】命令，在弹出对话框中将【收缩量】设置为4像素，如图61所示。设置完成后，单击【确定】按钮收缩选区。

04 选择工具箱中的【椭圆选框工具】 ◯，按【→】键多次向右移动选区，如图62所示。

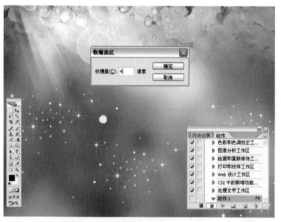

图61

图62

05 将前景色设置为白色，按快捷键【Alt+Delete】以白色填充选区，单击【动作】面板下方的【停止播放/记录】按钮 ■，停止记录动作，如图63所示。

06 按指定的动作快捷键或者单击【动作】面板下方的【播放指定的动作】按钮 ▶ 5次，创建出如图64所示的渐变圆点效果。按快捷键【Ctrl+D】取消选区。

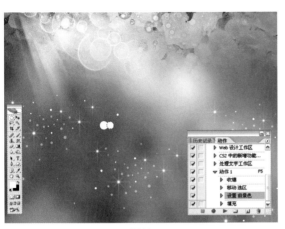

图63

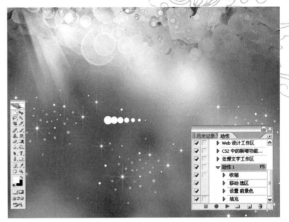

图64

9.2.5 制作渐变圆点合成效果

01 将渐变圆点所在的图层拖曳到【图层】面板下方的【创建新图层】按钮 上创建副本。选择工具箱中的【移动工具】 ，按住【Shift】键，将它垂直向下移动到如图65所示的位置。

02 使用相同的方式创建多个副本，并调整它们的位置，如图66所示。

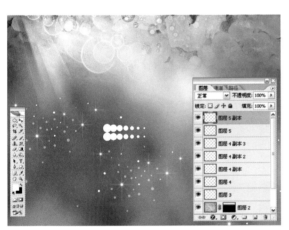

图65

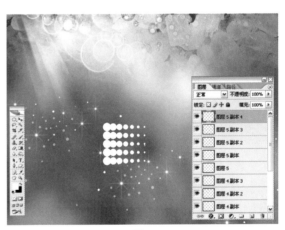

图66

03 按住【Ctrl】键在【图层】面板中分别单击渐变圆点图层，将它们全部选中。按快捷键【Ctrl+E】将它们合并为单独的图层，如图67所示。

04 将合并后的渐变圆点图层拖曳到【图层】面板下方的【创建新图层】按钮 上创建副本。执行菜单【编辑】→【变换】→【旋转90度（顺时针）】命令，将它顺时针旋转90度并移动到适当的位置，如图68所示。

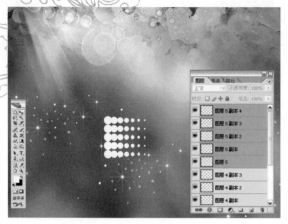

图67

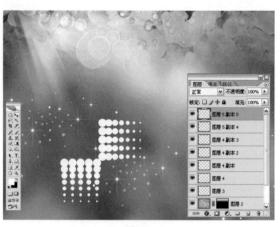

图68

05 用同样的方式为渐变圆点图层创建两个新的副本，并执行菜单【编辑】→【变换】子菜单中相应的命令旋转或翻转图像，然后将它们移动到合适的位置，得到如图69所示的效果。

06 按住【Ctrl】键在【图层】面板中分别单击渐变圆点图层，将它们全部选中。按快捷键【Ctrl+E】将它们合并为单独的图层，如图70所示。

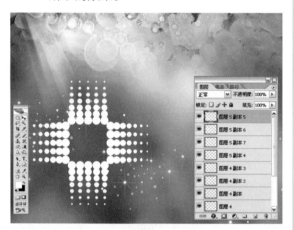

图69

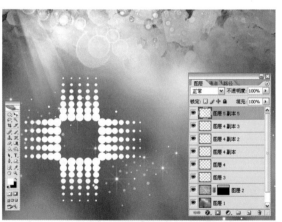

图70

07 单击【图层】面板下方的【添加图层样式】按钮 ，从弹出的菜单中选择【描边】命令。在弹出的【图层样式】对话框中将描边【大小】设置为2像素，【混合模式】设置为【叠加】，【颜色】为黑色，如图71所示。

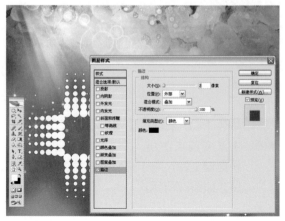

图71

08 选中【图层样式】对话框中的【投影】选项，并将【混合模式】设置为【正片叠底】，【颜色】为深蓝色，【不透明度】为100%，【距离】为4像素，【扩展】为0%，【大小】为20像素，如图72所示。设置完成后单击【确定】按钮。

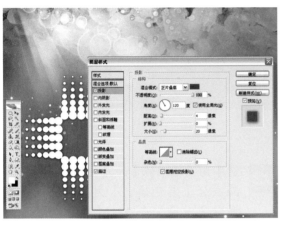

图72

09 在【图层】面板中将合并后的渐变圆点图层的混合模式设置为【叠加】，使它与背景混合，如图73所示。

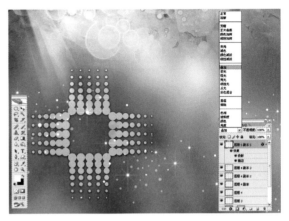

图73

10 选择工具箱中的【多边形套索工具】，选中中间位置的区域。按快捷键【Alt+Delete】以前景中的白色填充选区，如图74所示。然后按快捷键【Ctrl+D】取消选区。

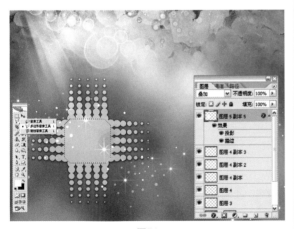

图74

11 将渐变圆点所在的图层拖曳到【图层】面板下方的【创建新图层】按钮上创建副本。选择工具箱中的【移动工具】，将它们分别移动到如图75所示的位置。

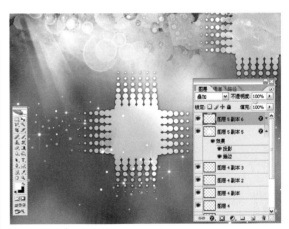

图75

9.2.6 添加标题文字

01 选择工具箱中的【横排文字工具】T，在画面中输入要添加的文字，并设置合适的字体、颜色、字号和位置，如图76所示。

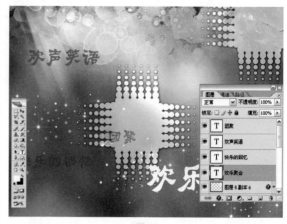

图76

02 选择文字"欢乐聚会"图层，单击面板下方的【添加图层样式】按钮，从弹出的菜单中选择【描边】命令。并在弹出的【图层样式】对话框中设置描边【大小】为28像素，【混合模式】为【正常】，【颜色】为蓝色，如图77所示。

图77

03 选中对话框中的【外发光】选项，设置外发光【混合模式】为【滤色】，发光颜色设置为白色，【不透明度】为75%，【扩展】为23%，【大小】为103像素，如图78所示。设置完成后，单击【确定】按钮。

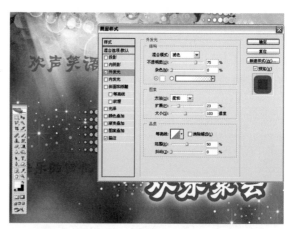

图78

9.2.7 为标题添加装饰效果

01 单击【图层】面板下方的【创建新图层】按钮，新建图层，并将它移动到"欢乐聚会"文字图层的下方。选择工具箱中的【椭圆选框工具】，按住【Shift】键拖动鼠标创建圆形选区，如图79所示。

02 单击选项栏中的【添加到选区】按钮，按住并拖动鼠标在其他文字下方添加圆形选区，如图80所示。

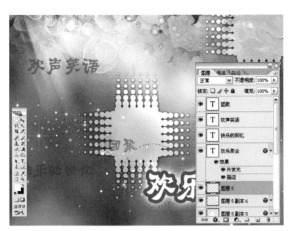

图79

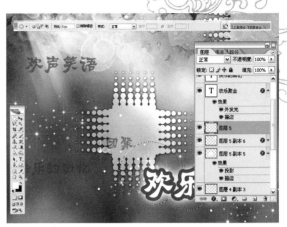

图80

03 按快捷键【Alt+Delete】以前景中的白色填充选区，再在【图层】面板中将它的【不透明度】设置为40%，如图81所示。

04 按快捷键【Ctrl+D】取消选区。单击【图层】面板下方的【添加图层样式】按钮 *fx.*，从弹出的菜单中选择【描边】命令。然后在【图层样式】对话框中设置描边【大小】为15像素，【混合模式】为【正常】，【颜色】为天蓝色，如图82所示。设置完成后，单击【确定】按钮。

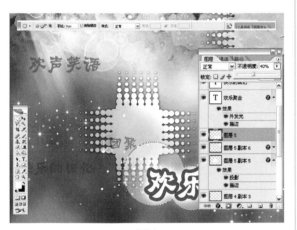

图81

图82

05 打开附书光盘中提供的蝴蝶素材 "Chap09/9_11.psd"。选择工具箱中的【矩形选框工具】，选中要添加到模板中的蝴蝶，如图83所示。再按快捷键【Ctrl+C】将它复制到剪贴板中。

图83

06 切换到模板文件，按快捷键【Ctrl+V】，将复制的蝴蝶粘贴到模板中，并移动到合适的位置，如图84所示。

07 用同样的方式复制、粘贴另外一只蝴蝶，并将它移动到合适的位置，如图85所示。

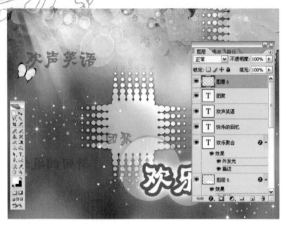

图84

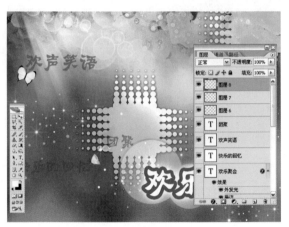

图85

08 选择工具箱中的【直线工具】，在选项栏中设置【粗细】为3像素，并按下【填充像素】按钮，如图86所示。

09 单击【图层】面板下方的【创建新图层】按钮，新建图层。将前景色设置为蓝色，在画面上按住【Shift】键拖动鼠标添加装饰线条。绘制完成后，将它拖动到背景所在的"图层2"的上方，如图87所示。

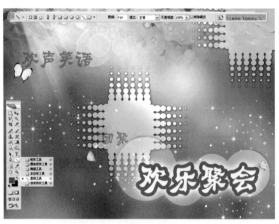

图86

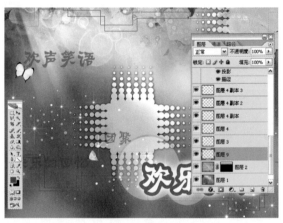

图87

9.2.8 画面合成

01 打开附书光盘中提供的照片素材 "Chap09/9_12.jpg"。执行菜单【窗口】→【动作】命令，显示【动作】面板。然后在面板菜单中选择【画框】命令，载入预设的画框动作，如图88所示。

02 选择预设动作列表中的【浪花形画框】，单击面板下方的【播放选定的动作】按钮，播放动作，为照片创建浪花形边框，如图89所示。

图88

图89

03 选择工具箱中的【魔棒工具】，在白色画框区域单击鼠标，将其选中，如图90所示。

04 按快捷键【Ctrl+Shift+I】反选选区，再按快捷键【Ctrl+C】将照片复制到剪贴板中。切换到模板文件，按快捷键【Ctrl+V】将复制的照片粘贴到模板中，如图91所示。

图90

图91

05 单击【图层】面板下方的【添加图层样式】按钮，从弹出的菜单中选择【投影】命令。在弹出的对话框中设置【混合模式】为【正常】，【不透明度】为100%，阴影颜色为白色，并调整【距离】、【扩展】和【大小】值，如图92所示。

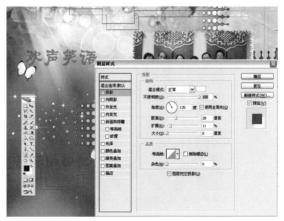

图92

06 设置完成后单击【确定】按钮，完成整个画面的合成，如图93所示。

图93

9.3 中秋佳节

　　本例介绍的是节日模板"中秋"，背景采用中国传统龙纹装饰，以橘红到黄的渐变色切合主题，配以苏轼的著名诗词《水调歌头·明月几时有》，显示整幅画面的诗情画意，如图94所示（● "Chap09/9_15.psd"）。在制作过程中，主要介绍背景合成、绘制明月以及利用传统纹饰元素拼接相框的方法。

图94

9.3.1　合成背景画面

01 执行菜单【文件】→【新建】命令，在弹出的窗口中设置模板的【宽度】为2272像素，【高度】为1704像素，在【名称】栏中输入模板主题"中秋"，如图95所示。单击【确定】在工作区建立文件。

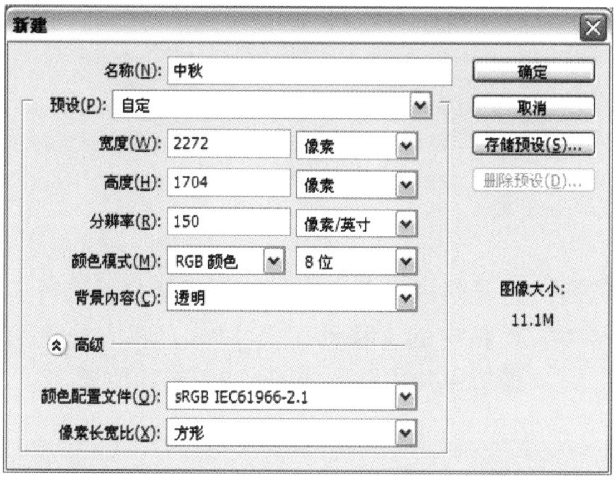

图95

02 单击工具箱下方的前景色图标，在弹出的对话框中将前景色设置为橘黄色（R：255，G：152，B：63）。设置完成后，按快捷键【Alt+Delete】以前景色填充"图层1"，如图96所示。

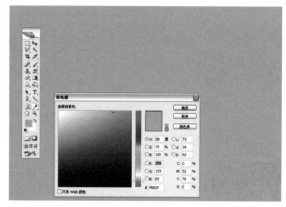

图96

03 打开附书光盘中提供的龙纹素材 "Chap09/9_14.jpg"。选择工具箱中的【移动工具】，将它拖曳到模板中并移动到画面的中心位置，如图97所示。

图97

04 将龙纹所在图层的混合模式设置为【变亮】，将【不透明度】调整为65%，如图98所示。

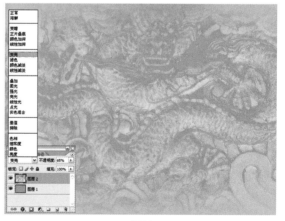

图98

05 将前景色设置为深橘红色（R：221，G：91，B：56）。选择工具箱中的【渐变工具】，在选项栏中设置渐变颜色为【前景到透明】，渐变模式为【线性渐变】，如图99所示。

06 单击【图层】面板下方的【创建新图层】按钮新建图层。按住【Shift】键，从画面上方向中间位置拖动鼠标，创建渐变填充效果，如图100所示。

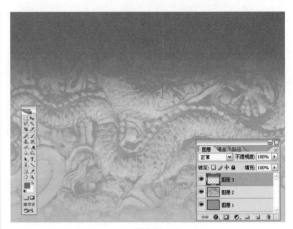

图99　　　　　　　　　　　　　　　图100

07 在【图层】面板中将渐变图层的【不透明度】设置为70%，如图101所示。

08 打开附书光盘中提供的图像素材，选择工具箱中的【移动工具】，将它拖曳到模板中并放置到如图102所示的位置。

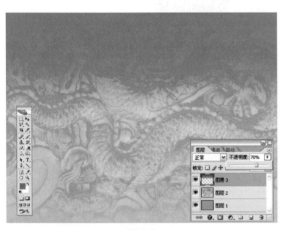

图101　　　　　　　　　　　　　　　图102

09 在【图层】面板中将它的图层混合模式设置为【变暗】，使画面与背景融合，如图103所示。

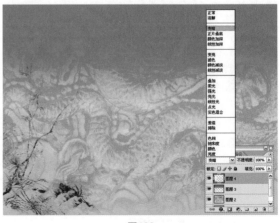

图103

10 选择工具箱中的【铅笔工具】 ✏，在选项栏中设置【主直径】为70像素，【硬度】为100%，如图104所示。

图104

11 将前景色设置为棕红色（R：186，G：61，B：0）。单击【图层】面板下方的【创建新图层】按钮 🔲 新建图层。使用【铅笔工具】 ✏ 在画面中绘制如图105所示的效果。

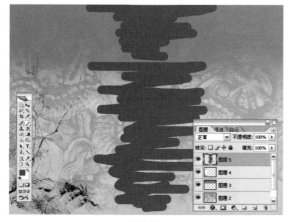

图105

12 执行菜单【滤镜】→【模糊】→【高斯模糊】命令，在弹出的【高斯模糊】对话框中将【半径】设置为40像素，如图106所示。单击【确定】按钮，使绘制的线条变得模糊。

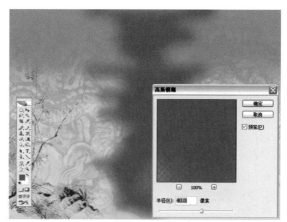

图106

13 执行菜单【滤镜】→【模糊】→【动感模糊】命令，在弹出的【动感模糊】对话框中将【角度】设置为0度，【距离】设置为600像素，如图107所示。单击【确定】按钮，使线条呈现出动感模糊效果。

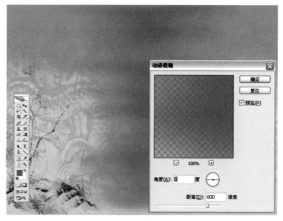

图107

14 在【图层】面板中将线条所在的图层混合模式设置为【颜色减淡】，提亮"龙纹"，使它在背景中更加突出，如图108所示。

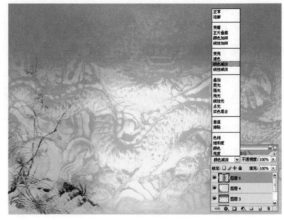

图108

9.3.2 绘制明月

01 选择工具箱中的【椭圆选框工具】，按住【Shift】键拖动鼠标，在画面右上角创建圆形选区，如图109所示。

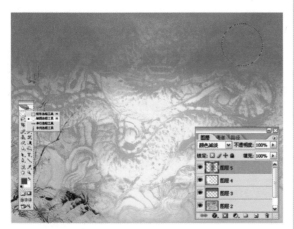

图109

02 单击【图层】面板下方的【创建新图层】按钮，新建图层。将前景色设置为淡黄色，按快捷键【Alt+Delete】，以前景色填充选区，如图110所示。

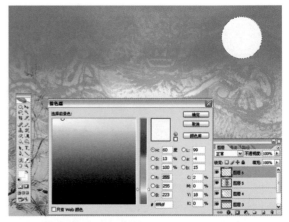

图110

03 将"图层6"拖曳到【图层】面板下方的【创建新图层】按钮上创建副本。按【D】键重置前景色和背景色。执行菜单【滤镜】→【渲染】→【分层云彩】命令，制作月亮上的阴影效果，如图111所示。按快捷键【Ctrl+D】取消选区。

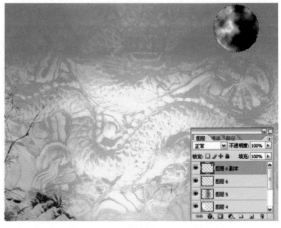

图111

04 将"图层6副本"图层的混合模式设置为【颜色加深】，使它与下方的图层融合，如图112所示。

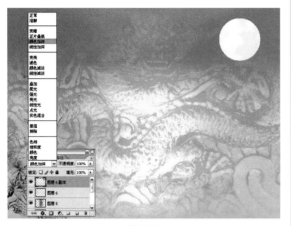

图112

05 选择月亮所在的"图层6"，单击【图层】面板下方的【添加图层样式】按钮 ，从弹出的菜单中选择【外发光】命令，如图113所示。

图113

06 在弹出的【图层样式】对话框中设置外发光【混合模式】为【滤色】，【不透明度】为75%，【颜色】为淡黄色，【扩展】为11%，【大小】为68像素，如图114所示。设置完成后，单击【确定】按钮，为月亮添加光晕效果。

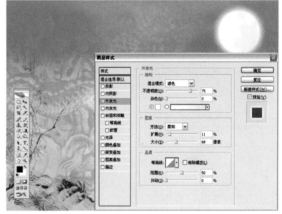

图114

9.3.3 绘制飘动的云彩

01 选择工具箱中的【钢笔工具】 ，单击选项栏中的【形状图层】按钮 。在画面中绘制如图115所示的路径。

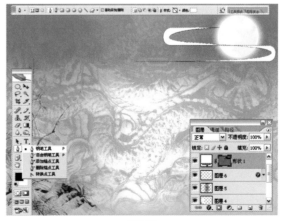

图115

02 在【图层】面板上将"形状1"图层的
【不透明度】设置为40%，使云彩变得轻
淡，如图116所示。

图116

9.3.4 添加主题文字

01 选择工具箱中的【横排文字工具】T，
在画面中输入主题文字，并设置合适的字
体、字号、颜色和位置，如图117所示。

02 选择工具箱中的【竖排文字工具】T，
在画面中输入诗词文字，如图118所示。
文字内容可参考附书光盘中提供的素材文
字 "Chap09/水调歌头.txt"。

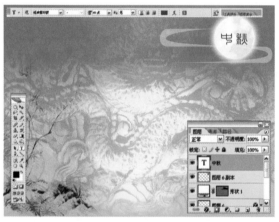

图117

图118

03 在【图层】面板中将文字图层的【不透
明度】设置为70%，并将其移动到"图
层5"下方，完成文字添加，如图119
所示。

图119

9.3.5 用文饰素材拼接边框

01 打开附书光盘中提供的文饰素材 "Chap09/9_16.psd"和 "Chap09/9_17.psd"，如图120和图121所示。

图120　　　　图121

02 选择工具箱中的【移动工具】，将它们分别拖曳到模板中，如图122所示。

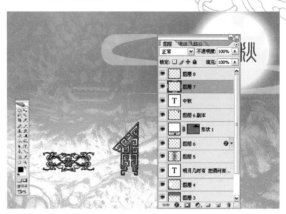

图122

03 按快捷键【Ctrl++】放大画面，将"图层8"拖曳到【图层】面板下方的【创建新图层】按钮上创建副本，如图123所示。

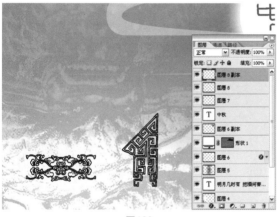

图123

04 执行菜单【编辑】→【变换】→【旋转90度（顺时针）】命令，再次执行菜单【编辑】→【变换】→【垂直翻转】命令。使用【移动工具】将旋转后的素材与先前的素材对接，如图124所示。

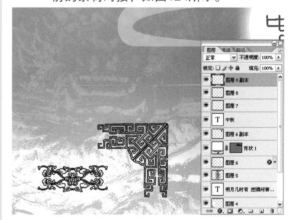

图124

05 按快捷键【Ctrl+E】合并"图层8"和"图层8副本"图层。在【图层】面板中选择"图层7"，使用【移动工具】将它与合并后的"图层8"拼接，如图125所示。

图125

06 将"图层7"拖曳到【图层】面板下方的【创建新图层】按钮 ▢ 上创建副本。使用【移动工具】 ⊕ 将它与原先的图形拼接，如图126所示。

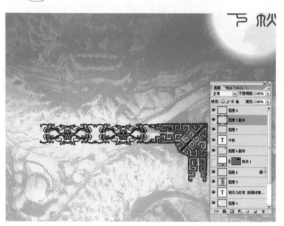

图126

07 将"图层7"拖曳到【图层】面板下方的【创建新图层】按钮 ▢ 上再次创建副本。执行菜单【编辑】→【变换】→【旋转90度（顺时针）】命令，使用【移动工具】 ⊕ 将它与原先的图形右侧拼接，如图127所示。

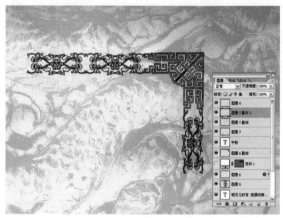

图127

08 在【图层】面板中选中所有文饰素材的图层，如图128所示。按快捷键【Ctrl+E】将它们合并。

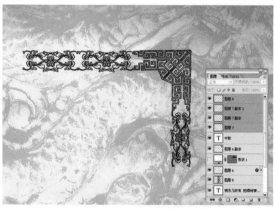

图128

09 将合并后的文饰素材"图层8"拖曳到【图层】面板下方的【创建新图层】按钮 ▢ 上创建副本。执行菜单【编辑】→【变换】→【水平翻转】命令，将它与原先的图形拼接，如图129所示。

图129

10 再次按快捷键【Ctrl+E】合并文饰图层。将合并后的文饰素材"图层8"拖曳到【图层】面板下方的【创建新图层】按钮 ▢ 上创建副本。执行菜单【编辑】→【变换】→【垂直翻转】命令，将它与原先的图形拼接，如图130所示。

11 按快捷键【Ctrl+E】合并制作完成的文饰图层，并将它移动到画面右下方的空白位置，如图131所示。

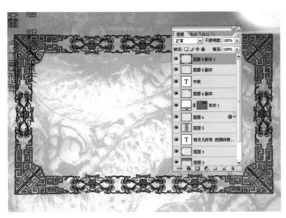

图130

图131

12 单击【图层】面板下方的【添加图层样式】按钮 *f*.，从弹出的菜单中选择【斜面和浮雕】命令。然后在弹出的【图层样式】对话框中设置【样式】为【浮雕效果】，【大小】为5像素，【软化】为0像素，如图132所示。设置完成后，单击【确定】按钮。

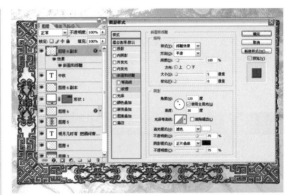

图132

9.3.6 画面合成

01 打开附书光盘中提供的照片素材 ● "Chap09/9_12.jpg"，如图133所示。按快捷键【Ctrl+A】选中整个照片，再按快捷键【Ctrl+C】将它复制到剪贴板中。

02 切换到模板文件，选择工具箱中的【魔棒工具】，在相框内单击鼠标选中相框内部区域，如图134所示。

图133

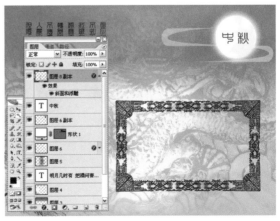

图134

03 按快捷键【Ctrl+Shift+V】将复制的照片粘贴到选区中，如图135所示。

04 按快捷键【Ctrl+T】，拖动控制点调整照片的大小，如图136所示。按【Enter】键确认操作，完成整个模板的制作。

图135

图136

9.4 阳光海岸

本例中将要介绍的情景模板"阳光海岸"，采用暖色调的背景和海水沙滩，营造出阳光下的金色沙滩效果，如图137所示（ "Chap09/9_18.psd"）。

最终效果

图137

9.4.1 调出金色的海滩

01 执行菜单【文件】→【新建】命令，在弹出的窗口中设置模板的【宽度】为2272像素，【高度】为1704像素，在【名称】栏中输入模板主题"阳光海岸"，如图138所示。单击【确定】按钮在工作区建立文件。

02 打开附书光盘中提供的背景素材 ◉ "Chap09/9_19.jpg"，选择工具箱中的【移动工具】 ►⊕，将它拖曳到模板中，如图139所示。

图138

图139

03 单击【图层】面板下方的【创建新的填充或调整图层】按钮 ◐，从弹出的菜单中选择【渐变映射】命令，如图140所示。

04 在弹出的【渐变映射】对话框中单击渐变色条，并在弹出的【渐变编辑器】中设置渐变色为白色（R：255，G：255，B：255）到淡黄（R：255，G：255，B：193）再到橘红（R：241，G：125，B：58），如图141所示。设置完成后，单击【确定】按钮。

图140

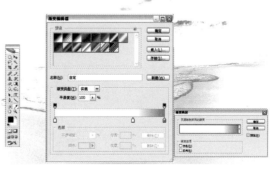

图141

05 单击【图层】面板下方的【创建新图层】按钮，创建新的图层。将前景色设置为橘红色（R：255，G：144，B：7），如图142所示。

06 选择工具箱中的【渐变工具】。在选项栏中设置渐变颜色为【前景到透明】，渐变模式为【线性渐变】。按住【Shift】键，在画面中从上方向中心位置拖动鼠标，创建渐变填充效果，如图143所示。

图142

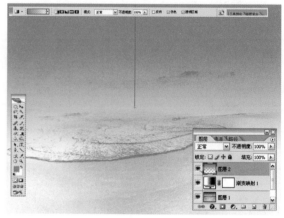

图143

9.4.2 绘制荧光点

01 选择工具箱中的【画笔工具】，在选项栏中将【主直径】设置为35像素，【硬度】设置为0%，如图144所示。

02 执行菜单【窗口】→【画笔】命令，显示【画笔】面板。选中左侧列表中的【形状动态】选项，将【大小抖动】设置为100%，【最小直径】设置为0%，如图145所示。

图144

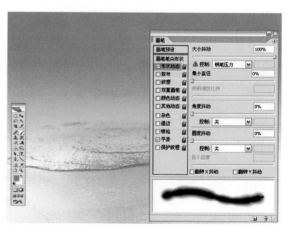

图145

03 选中【散布】选项，将散布随机性设置为1000%，【数量】设置为1，【数量抖动】设置为0%，如图146所示。

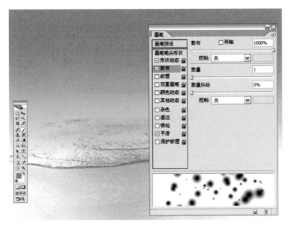

图146

04 选中【其他动态】选项，将【不透明度抖动】设置为30%，【流量抖动】设置为0%，如图147所示。

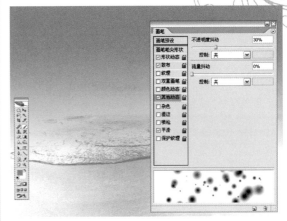

图147

05 将前景色设置为淡黄色（R：255，G：235，B：131）。单击【图层】面板下方的【创建新图层】按钮创建新的图层。然后在画面中单击并拖动鼠标，创建点状荧光效果，如图148所示。

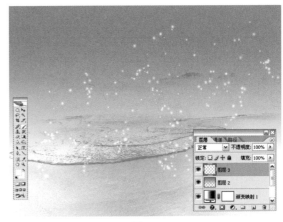

图148

9.4.3 添加太阳和云彩

01 打开附书光盘中提供的云彩素材 "Chap09/9_20.psd"，如图149所示。

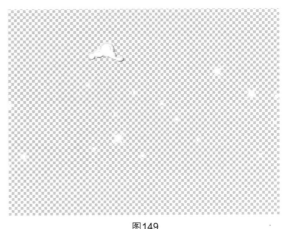

图149

02 将云彩素材拖曳到模板中并调整它在画面中的位置，如图150所示。

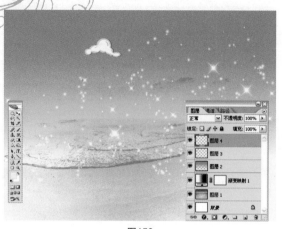

图150

03 在【图层】面板中将云彩图层的混合模式设置为【叠加】，使它与背景相融合，变成金黄的色调，如图151所示。

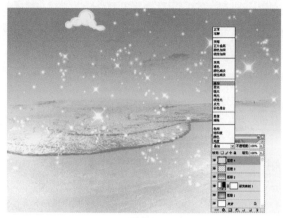

图151

04 打开附书光盘中提供的手绘太阳素材 "Chap09/9_21.jpg"，将它拖曳到模板中并移动到合适的位置，如图152所示。

图152

05 单击【图层】面板下方的【添加图层样式】按钮 ，从弹出的菜单中选择【外发光】命令。在弹出的【图层样式】对话框中设置【混合模式】为【滤色】，【不透明度】为75%，【颜色】为白色，【扩展】为13%，【大小】为59像素，如图153所示。设置完成后，单击【确定】按钮。

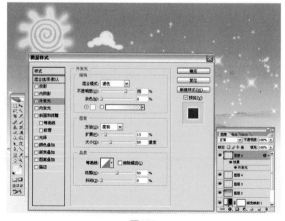

图153

9.4.4　绘制海鸥

01 选择工具箱中的【钢笔工具】，在选项栏中单击【形状图层】按钮。将颜色设置为淡黄色（R：255，G：235，B：131），如图154所示。

02 在画面中用【钢笔工具】绘制海鸥形状的路径，成为"形状1"图层，如图155所示。

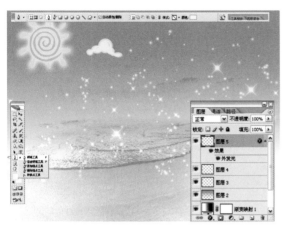

图154

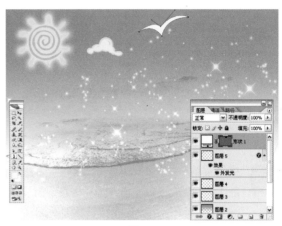

图155

03 单击选项栏中的【添加到形状区域】按钮，在"形状1"图层中再绘制两个新的海鸥形状，如图156所示。

图156

9.4.5　制作沙滩画

01 执行菜单【文件】→【新建】命令，在弹出的对话框中设置【宽度】为1200像素，【高度】为1000像素，设置完成后单击【确定】按钮，如图157所示。

02 将前景色设置为沙色（R：217，G：205，B：163），按快捷键【Alt+Delete】，以前景色填充背景图层，如图158所示。

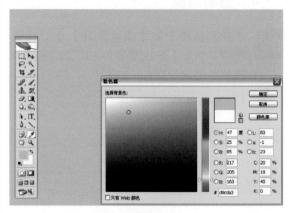

图157

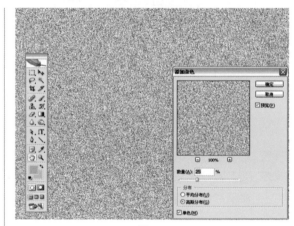

图158

03 执行菜单【滤镜】→【杂色】→【添加杂色】命令，在弹出的对话框中将【数量】设置为25%，【分布】设置为【高斯分布】，选中【单色】复选框，如图159所示。设置完成后，单击【确定】按钮。

图159

04 打开附书光盘中提供的文字素材 ● "Chap09/9_22.psd"，将它拖曳到"沙滩画"文件中，如图160所示。

图160

05 单击【图层】面板下方的【添加图层样式】按钮 ，从弹出的菜单中选择【斜面和浮雕】命令。在弹出的【图层样式】对话框中设置【样式】为【内斜面】，【大小】为5像素，【软化】为0像素，【光泽等高线】为【环形】，【高光模式】的颜色为灰色，如图161所示。设置完成后，单击【确定】按钮。

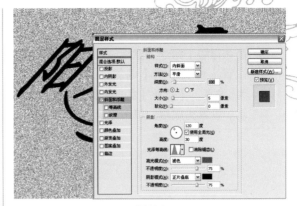

图161

06 在【图层】面板中将【填充】调整为0%，去除画面上的填充色，如图162所示。

图162

07 选择工具箱中的【画笔工具】 ，在选项栏中选择预设的画笔【滴溅46像素】 ，如图163所示。

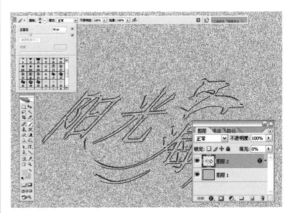

图163

08 单击【图层】面板下方的【创建新图层】按钮 ，新建"图层3"。沿着文字的笔画绘制，得到如图164所示的效果。

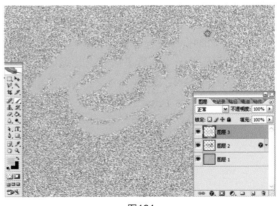

图164

09 单击【图层】面板下方的【添加图层样式】按钮 *fx.*，从弹出的菜单中选择【斜面和浮雕】命令。然后在弹出的对话框中设置【样式】为【内斜面】，【大小】为5像素，【软化】为0像素，如图165所示。设置完成后，单击【确定】按钮。

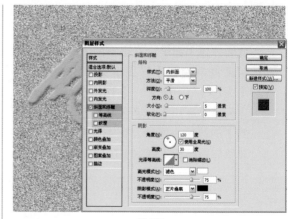

图165

10 按住【Ctrl】键，在【图层】面板中单击"图层2"的缩览图，载入选区，如图166所示。

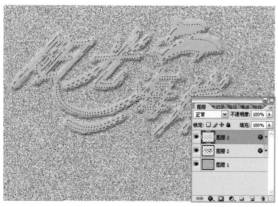

图166

11 执行菜单【选择】→【修改】→【收缩】命令，在弹出对话框中将【收缩量】设置为2像素，如图167所示。单击【确定】按钮收缩选区。

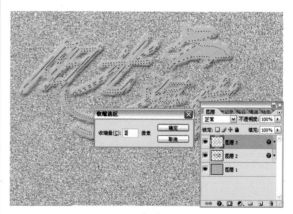

图167

12 执行菜单【选择】→【羽化】命令或按快捷键【Ctrl+Alt+D】，在弹出的对话框中将【羽化半径】设置为1像素，如图168所示。单击【确定】按钮羽化选区。

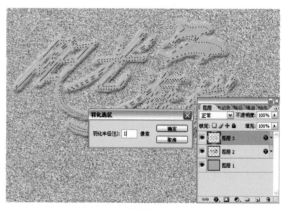

图168

13 按【Delete】键删除选区中的图像，得到不规则边缘的文字，如图169所示。

14 按住【Ctrl】键单击"图层2"的缩览图，再次载入选区。单击【图层】面板下方的【创建新图层】按钮，新建"图层4"并将它移动到"图层3"下方。按快捷键【Alt+Delete】以前景色填充"图层4"的选区，如图170所示。

图169

图170

15 按快捷键【Ctrl+D】取消选区。执行菜单【滤镜】→【模糊】→【高斯模糊】命令，在弹出的对话框中将【半径】设置为5.5像素，如图171所示，使文字变得模糊。

16 执行菜单【滤镜】→【杂色】→【添加杂色】命令，在弹出的对话框中将【数量】设置为25%，【分布】设置为【高斯分布】，并选中【单色】复选框，如图172所示。设置完成后，单击【确定】按钮。

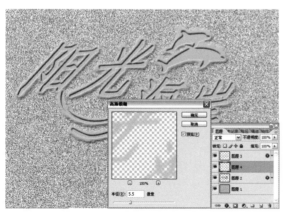

图171

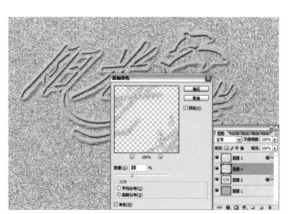

图172

17 在【图层】面板中选择"图层3"，按快捷键【Ctrl+F】，再次执行添加杂色操作。执行菜单【图像】→【调整】→【亮度/对比度】命令，在弹出的对话框中将【亮度】设置为−10，如图173所示。

18 按住【Ctrl】键在【图层】面板中单击"图层2"、"图层3"和"图层4"，将它们同时选中。选择面板菜单中的【合并图层】命令或者按快捷键【Ctrl+E】将3个图层合并，如图174所示（附书光盘中 ● "Chap09/9_23.psd"）。

图173

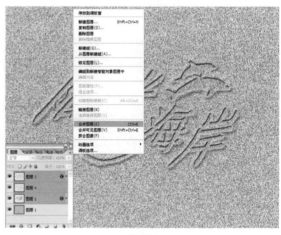

图174

19 将合并后的"沙滩画"复制并粘贴到模板中，将此图层移动到"渐变映射1"图层下方。执行菜单【编辑】→【变换】→【扭曲】命令，拖动控制点调整文字的角度，如图175所示。

20 执行菜单【编辑】→【变换】→【旋转】命令，将鼠标指针置于控制点包围的区域外，按住并拖动鼠标旋转图像，如图176所示。调整完成后，按【Enter】键确认操作。

图175

图176

21 单击【图层】面板下方的【添加图层蒙版】按钮，为"图层7"添加图层蒙版。选择工具箱中的【渐变工具】，在选项栏中设置渐变颜色为【前景到背景】，渐变模式为【线性渐变】，如图177所示。

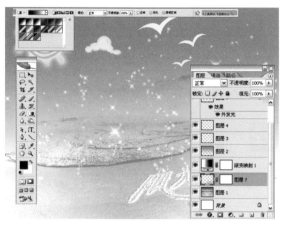

图177

22 按【D】键重置前景色和背景色，按照如图178所示，向斜上方拖动鼠标，使文字呈现渐隐效果，完成沙滩画制作。

图178

9.4.6 添加标题文字

01 再次打开附书光盘中提供的文字素材 "Chap09/9_22.psd"，将它拖曳到模板中，如图179所示。

图179

02 单击【图层】面板下方的【添加图层样式】按钮，从弹出的菜单中选择【颜色叠加】命令。在弹出的【图层样式】对话框中将颜色设置为白色，【混合模式】设置为【正常】，【不透明度】设置为100%，将文字填充为白色。

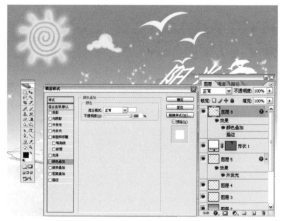

图180

03 选中【图层样式】对话框中的【描边】选项，设置描边【大小】为5像素，【位置】为【居中】，【颜色】为橘红色（R：255，G：108，B：0），如图181所示。设置完成后，单击【确定】按钮。

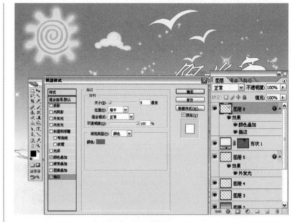

图181

9.4.7 绘制邮票形边框

01 选择工具箱中的【自定形状工具】，在选项栏的预设列表菜单中选择【全部】，载入所有的预设图形，如图182所示。

02 在选项栏的预设列表中选择【邮票1】形状，并在选项栏中将【颜色】设置为白色，按下【形状图层】按钮。单击【图层】面板下方的【创建新图层】按钮，按住【Shift】键拖动鼠标绘制白色的邮票图形，如图183所示。

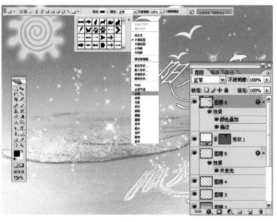

图182

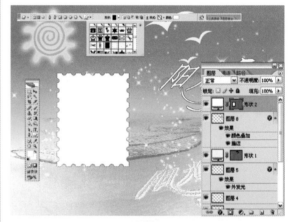

图183

03 接下来将制作一个形状图层定义照片区域。选择工具箱中的【矩形选框工具】，在选项栏中按下【形状图层】按钮，拖动鼠标在邮票图形内绘制一个矩形，并将颜色设置为淡黄色以便区分，如图184所示。

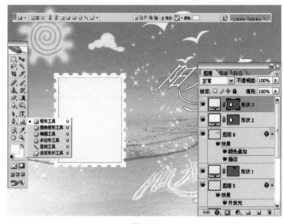

图184

04 按住【Ctrl】键在【图层】面板中单击"形状2"和"形状3"图层，将它们同时选中，如图185所示。

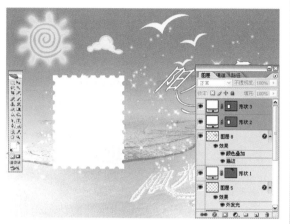

图185

05 按快捷键【Ctrl+T】，将鼠标指针置于控制点包围的区域外，按住并拖动鼠标旋转邮票图形，如图186所示。然后按【Enter】键确认变形操作。

图186

06 选择"形状2"所在的图层，单击【图层】面板下方的【添加图层样式】按钮，从弹出的菜单中选择【投影】命令。在弹出的【图层样式】对话框中设置阴影属性，为邮票图形添加阴影效果，如图187所示。

图187

9.4.8　画面合成

01 打开附书光盘中提供的照片素材"Chap09/9_24.psd"，如图188所示。

图188

02 选择工具箱中的【移动工具】➤⌖，将照片拖曳到模板中。按快捷键【Ctrl+T】，将鼠标指针置于控制点包围的区域外，按住并拖动鼠标旋转照片，如图189所示。调整完成后，按【Enter】键确认操作。

03 按住【Alt】键，将鼠标指针移动到【图层】面板中"图层9"与"形状3"之间，鼠标变为⬥标记，如图190所示。

图189

图190

04 单击鼠标，建立图层剪贴蒙版，照片就被置入"形状3"图层定义的区域中，如图191所示。将照片移动到合适的位置，完成整个模板的制作。

图191

9.5 古镇风情

　　本例介绍的是旅游风光照片"古镇风情"，如图192所示（ ● "Chap09/9_25.psd"）。本例中的模板除标题右上角的人物照片区域是固定的照片位置外，背景中的照片数量及位置均可任意调整，方便放置旅行中的各种照片。设置不同的透明度可以让整个画面的层次感更好。本例将重点介绍使用【铅笔工具】🖉的预设样式创建不规则的撕边边框效果。

图192

9.5.1　绘制撕边效果边框

01 执行菜单【文件】→【新建】命令，在弹出的窗口中设置模板的【宽度】为2272像素，【高度】为1704像素，在【名称】栏中输入模板主题"古镇风情"，如图193所示。单击【确定】按钮在工作区建立文件。

02 按【D】键重置前景色和背景色，按快捷键【Alt+Delete】，以前景色黑色填充背景图层。单击工具箱下方的前景色图标，在弹出的对话框中将前景色设置为深灰色，如图194所示。

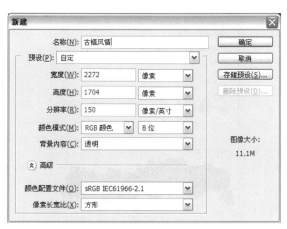

图193

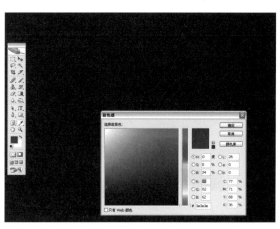

图194

03 选择工具箱中的【铅笔工具】，在选项栏的预设列表中选择画笔，如图195所示。并将【主直径】修改为39像素。

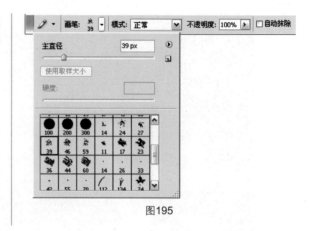

图195

提 示

【铅笔工具】与【画笔工具】的笔尖效果不同，使用【画笔工具】时，即使设置硬度为100%，仍然会应用一些消除锯齿属性。【铅笔工具】能够保持锯齿状硬边缘。本例需要制作有锯齿硬度的边框，因此选用【铅笔工具】。

04 执行菜单【窗口】→【画笔】命令，在工作区中显示【画笔】面板。选中面板左侧的【形状动态】选项，将【大小抖动】设置为50%，【角度抖动】设置为50%，如图196所示。

05 选中对话框左侧的【散布】选项，将【散布】数值设置为150%，【数量】设置为1，同时选中【两轴】复选框，如图197所示。

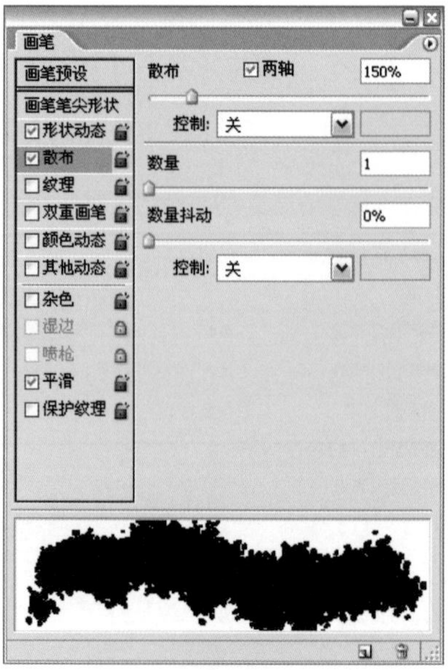

图196

图197

06 单击【图层】面板下方的【创建新图层】按钮，新建图层。使用【铅笔工具】在画面上方绘制撕边边框，如图198所示。

07 用同样的方式在画面下方绘制撕边边框，并在中间位置单击几次鼠标，添加一些杂点，如图199所示。

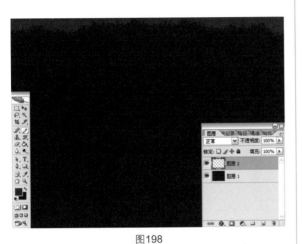

图198

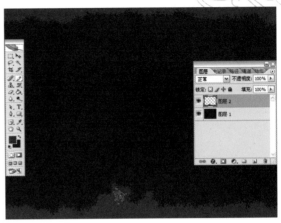

图199

9.5.2　绘制文字装饰框

01 在【画笔】面板中取消选中左侧的【形状动态】和【散布】选项，如图200所示。

02 单击【图层】面板下方的【创建新图层】按钮，新建图层。使用【铅笔工具】在画面上拖动鼠标，绘制用于作为文字背景的装饰框，如图201所示。

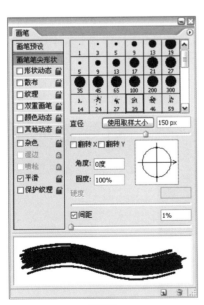

图200

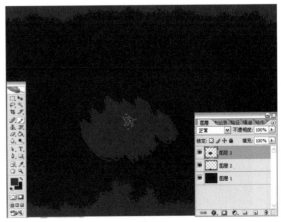

图201

03 单击【图层】面板下方的【添加图层样式】按钮，从弹出的菜单中选择【描边】命令。在弹出的【图层样式】对话框中设置描边【大小】为8像素，【混合模式】设置为【滤色】，【不透明度】为43%，【颜色】为白色，如图202所示。设置完成后，单击【确定】按钮。

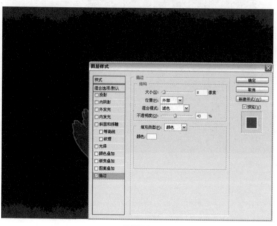

图202

04 在【图层】面板中，将文字装饰框的【不透明度】设置为60%，如图203所示。

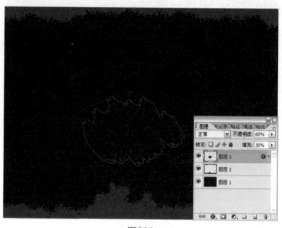

图203

9.5.3 添加主题文字

01 选择工具箱中的【横排文字工具】，在画面中输入文字并设置合适的字体、颜色和字号，如图204所示。

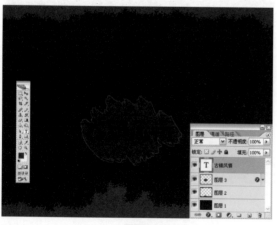

图204

02 单击【图层】面板下方的【添加图层样式】按钮，从弹出的菜单中选择【外发光】命令。在弹出的【图层样式】对话框中设置【混合模式】为【滤色】，【不透明度】为75%，颜色为白色，【扩展】为2%，【大小】为18像素，如图205所示。设置完成后，单击【确定】按钮。

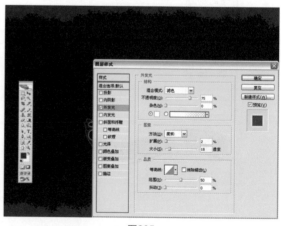

图205

9.5.4 绘制照片装饰框

01 单击【图层】面板下方的【创建新图层】按钮■，新建图层。选择工具箱中的【铅笔工具】✐，将前景色设置为白色，从上向下拖动鼠标，绘制照片装饰框，如图206所示。

02 单击【图层】面板下方的【添加图层样式】按钮 ✐，从弹出的菜单中选择【外发光】命令。在弹出的对话框中设置【混合模式】为【滤色】，【不透明度】为75%，颜色为白色，【扩展】为0%，【大小】为24像素，如图207所示。设置完成后，单击【确定】按钮。

图206

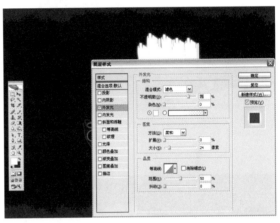

图207

03 在【图层】面板中调整图层的排列顺序。将"图层5"置于"图层3"下方，然后将"图层2"置于最上层，如图208所示。

图208

9.5.5 画面合成

01 打开附书光盘中提供的照片素材 ◉ "Chap09/9_26.jpg"，将它拖曳到模板中并置于背景图层的上方。然后按快捷键【Ctrl+T】，拖动控制点调整照片的大小和位置，如图209所示。

02 打开附书光盘中提供的照片素材 ◉ "Chap09/9_27.jpg"，将它拖曳到模板中，并在【图层】面板上将【不透明度】设置为50%，使它与背景混合，如图210所示。

图210

03 用同样的方式将另外两张照片素材"Chap09/9_28.jpg"和"Chap09/9_29.jpg"添加到模板中，并将它们的【不透明度】分别设置为40%和30%，如图211所示。

图209

04 打开附书光盘中提供的人物照片素材"Chap09/9_30.jpg"，将它拖曳到模板中并置于照片装饰框图层的上方。按快捷键【Ctrl+T】，拖动控制点调整照片的大小和位置，如图212所示。

图211

图212

05 按住【Alt】键，将鼠标指针移动到【图层】面板上人物照片图层与照片装饰框图层之间，鼠标变为 标记，如图213所示。

图213

06 单击鼠标，建立图层剪贴蒙版，照片就被置入照片装饰框定义的区域中，如图214所示。将照片移动到合适的位置，完成整个模板的制作。

图214

读书笔记

Photoshop 中文版

数码照片修饰技巧与创意宝典

第10章　制作电子相册

电子相册以优质美丽的画面，类似影视制作的独特风格，方便的浏览方式，使很多人爱不释手。本章主要向读者介绍各类主流电子相册的制作方法和技巧。

10.1　自动添加片头片尾——会声会影 11影片向导

会声会影11的【会声会影影片向导】可以帮助初学者快速制作出精彩的影片。只需要简单的3个步骤，就可以完成视频捕获、片头制作、配音以及刻录输出等完整的视频制作流程，其界面如图1所示。

图1

对于电子相册制作而言，【会声会影影片向导】的最大特色就是能够自动添加片头、片尾以及照片的转场效果。另外，也可以为相册添加标题并指定需要使用的背景音乐，还可以自动添加智能的平移、缩放效果。下面为读者介绍使用【会声会影影片向导】制作电子相册的方法。

10.1.1　添加照片

01 选择【开始】→【所有程序】→【Ulead VideoStudio 11】→【Ulead VideoStudio 11】命令，显示会声会影启动界面，如图2所示。

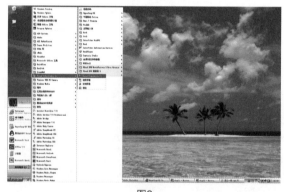

图2

02 单击会声会影启动界面上的【影片向导】按钮，如图3所示，启动影片向导，如图4所示。

03 单击【会声会影影片向导】面板上的【插入图像】按钮，在弹出的【添加图像素材】对话框中选中所有需要添加到电子相册中的照片，如图5所示。单击【打开】按钮，将选中的照片添加到媒体素材列表中，如图6所示。

图3

图5

图4

图6

10.1.2　调整照片的基本属性

01 在媒体素材列表中选中需要旋转方向的照片，单击媒体素材列表上方的 或 按钮，就可以逆时针或者顺时针方向调整照片，如图7所示。

图7

02 在媒体素材列表中选中某张照片，可以拖曳的方式调整照片的排列顺序，如图8所示。

图8

03 按快捷键【Ctrl+A】选中媒体素材列表中的所有照片，然后在照片缩略图上单击鼠标右键，从弹出菜单中选择【区间】命令，如图9所示。

图9

04 在弹出的【区间】对话框中调整数值，设置每张照片的持续播放时间，如图10所示。在这里，区间的单位从左至右分别是小时、分钟、秒、帧。设置完成后单击【确定】按钮。

图10

10.1.3 选择模板并更换背景音乐

01 在【会声会影影片向导】面板中单击【下一步】按钮，进入模板选择步骤。在【主题模板】列表中选择【相册】，然后选择一种要使用的模板，程序会自动将智能摇动和缩放效果应用到照片中，如图11所示。

图11

提 示

　　【会声会影影片向导】最方便之处就是为影片提供了各种预设的模板，每个模板还提供了不同的主题，并且带有片头和片尾视频素材，甚至还有标题和背景音乐。【家庭影片】模板用于创建包含视频和图像的影片，而【相册】模板用于创建仅包含图像的相册影片。

02 在主题模板中，程序自动为电子相册添加了背景音乐，并且使之自动适应电子相册的长度。如果需要更换背景音乐，单击预览窗口下方【背景音乐】右侧的![]按钮，如图12所示，打开【音频选项】对话框，如图13所示。

图12

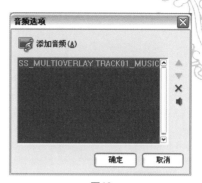

图13

03 单击【添加音频】按钮，在弹出的对话框中选择需要添加的背景音乐，如图14所示。

04 单击【打开】按钮，在弹出的【改变素材序列】对话框中以拖曳的方式为音频文件排序，如图15所示。单击【确定】按钮，所选择的背景音乐就添加到了【音频选项】面板的音频列表中，如图16所示。

图15

图14

图16

提 示

【音频选项】对话框中的编辑按钮的作用如下。

➤ ▲：向上移动。将所选择的音乐文件向上移动，调整音乐素材的播放顺序。

➤ ▼：向下移动。将所选择的音乐文件向下移动，调整音乐素材的播放顺序。

➤ ✕：删除所选择的音乐素材。

➤ ◀ ：预览并修整音频。单击此按钮，在弹出的【预览并修整音频】对话框中可以播放或修整音频素材，如图17所示。

图17

10.1.4 调整音量混合

01 如果需要增大背景音乐的音量,可以将【音量】右侧的滑块向左侧拖动,如图18所示。

02 如果需要增大视频素材中声音的音量,减小背景音乐的音量,则可以将【音量】右侧的滑块向右侧拖动。

图18

提 示

在电子相册中应用主题模板后,程序会自动为电子相册添加背景音乐,并调整背景音乐与原始视频片断的音量,使它们很好地混合。

10.1.5 改变主题模板的标题

01 在使用主题模板时,程序会自动为片头添加标题。对于自己所编辑的电子相册,可以根据需要更改主题模板的标题。单击【标题】右侧的三角按钮,从下拉列表中选择需要编辑的标题名称,预览窗口中会显示相应的标题内容,如图19所示。

图19

02 在预览窗口的标题上双击鼠标，使文字处于编辑状态，然后在预览窗口中输入新的标题，如图20所示。

图20

03 单击标题列表右侧的【文字属性】按钮，在弹出的【文字属性】对话框中为文字设置字体、字号、色彩、排列方式以及阴影效果，如图21所示。

图21

04 设置完成后，单击【确定】按钮完成标题修改。将鼠标指针放置在标题上，按住并拖动鼠标可将它移动到新的位置。将鼠标指针放置在标题右下角的控制点上，按住并拖动鼠标可调整标题的大小，如图22所示。

图22

10.1.6　将影片输出为视频文件

01 主题模板设置完成后，单击【下一步】按钮，即可进入电子相册输出步骤。在这一步中，操作界面中共提供了3种输出方式：创建视频文件、创建光盘以及在「会声会影编辑器」中编辑，如图23所示。

02 如果需要将影片输出为视频文件，单击【创建视频文件】按钮，从下拉列表中选择要创建的视频文件的类型，如图24所示。

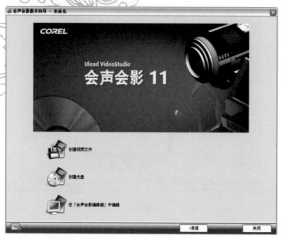

图23

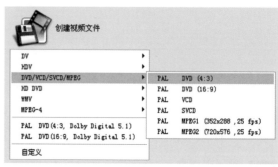

图24

03 在弹出的对话框中指定视频文件的保存路径和文件名称，单击【保存】按钮，程序开始渲染影片，并将其保存到指定的路径中，如图25所示。

图25

10.1.7 直接刻录光盘

01 如果需要将制作完成的影片直接刻录到光盘上，单击【创建光盘】按钮 ，进入创建光盘向导界面，如图26所示。

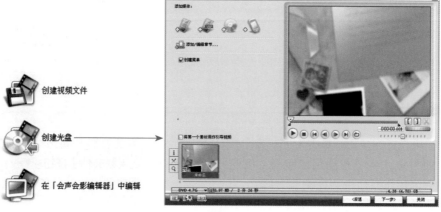

图26

02 在操作界面左下角的【输出光盘格式】下拉列表中选择要输出的光盘格式，如图27所示。

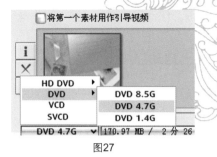

图27

03 取消选中界面上的【创建菜单】复选框，单击【下一步】按钮，进入电子相册预览步骤，在这里可以通过左侧的遥控器播放电子相册，如图28所示。

图28

04 单击【下一步】按钮进入刻录输出步骤。根据需要在如图29所示的界面上设置光盘刻录属性，然后单击刻录按钮，就可以将电子相册刻录到光盘上。

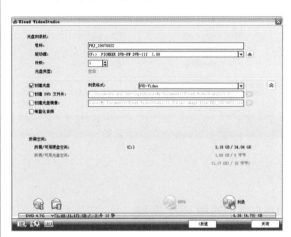

图29

10.2 精彩鲜活的动态菜单——DVD录录烧

如果想制作动感十足的电子相册，Ulead的DVD录录烧是最佳的选择。它允许用户在电子相册之前添加片头视频，能够自动创建动态菜单，也可以非常方便地为电子相册添加背景音乐并刻录成光盘，如图30所示。

图30

下面介绍使用DVD录录烧 3制作电子相册的方法。

10.2.1　启动DVD录录烧 3

01 在计算机中正确安装并启动DVD录录烧 3，在启动界面中单击【创建视频光盘】按钮，如图31所示。

02 在弹出的对话框中选择要创建的光盘类型，我们在这里选择【DVD】格式选项，如图32所示。设置完成后，单击【确定】按钮。

图31

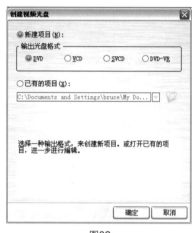

图32

10.2.2　添加片头视频

01 在DVD录录烧的主界面中单击【添加视频文件】按钮，如图33所示。在弹出的对话框中选择用作片头的视频文件，如图34所示。

图33

图34

02 单击【打开】按钮，将视频文件添加到素材列表中。接着，选中【将第一个素材用作引导视频】复选框，将添加的视频文件作为电子相册的片头，如图35所示。

图35

10.2.3 添加相册

01 在主界面中单击左上角的【创建相册】按钮，如图36所示。

图36

02 在弹出的对话框中选中存放照片的文件夹，单击【全部添加】按钮，把所有照片添加到素材列表中，如图37所示。

图37

提 示

也可以用拖曳的方式，将所需要的照片从资源管理器中添加到素材列表中。

10.2.4 设置相册属性

01 单击对话框下方的【设置背景音乐】按钮
，从弹出的菜单中选择【添加背景音
乐】命令，如图38所示。

02 在弹出的对话框中选中要作为相册背景音
乐的文件，单击【打开】按钮，把它添加
到相册中，如图39所示。

图38

图39

03 在【图像区间】文本框中输入数值，设置
每张照片持续播放的时间，然后单击【转
场】右下角的三角按钮，从下拉列表中选
择需要的照片切换方式，如图40所示。设
置完成后，单击【确定】按钮。

图40

10.2.5 创建动态菜单

01 选中操作界面中的【创建菜单】复选框，
单击【下一步】按钮如图41所示，进入菜
单制作步骤，如图42所示。

02 选中【动态菜单】复选框，然后单击【背
景】按钮。从弹出菜单中选择【为此
菜单选择背景视频】命令，如图43所示，
并在对话框中选择一个视频文件作为菜单
背景，如图44所示。

图41

图43

图42

图44

03 单击【打开】按钮，将选择的视频文件作为动态背景添加到菜单中，如图45所示。

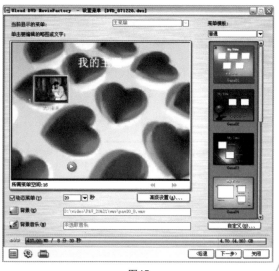

图45

04 单击【背景音乐】按钮，从弹出的菜单中选择【为此菜单选取音乐】命令，如图46所示，并在对话框中选择一个声音文件作为菜单的背景音乐，如图47所示。

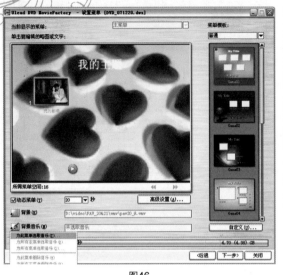

图46

图47

10.2.6 定义菜单外观

01 DVD录录烧还提供了灵活的菜单布局方式。单击操作界面右侧的【自定义】按钮，打开【自定义菜单】对话框，先在右侧的列表中选择一种边框样式，如图48所示。

02 在【自定义模板】下拉菜单中选择【布局】命令，在预设的布局略图中单击鼠标选择一种布局类型，如图49所示。设置完成后，单击【确定】按钮。

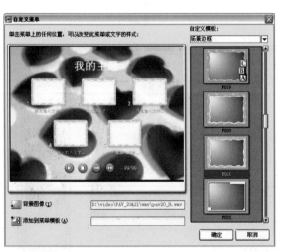

图48

图49

03 在操作界面中单击菜单按钮略图，并在弹出的【改变略图】窗口中拖动滑块选择一个新的略图，如图50所示，单击【确定】按钮，应用到菜单中，如图51所示。

04 在相册标题上单击鼠标，然后在弹出的对话框中输入新的标题内容并指定标题的字体，如图52所示。设置完成后，单击【确定】按钮，如图53所示。

图50

图52

图51

图53

10.2.7 预览和输出电子相册

01 相册设置完成后，单击【下一步】按钮，程序将展示整个电子相册的预览效果，可以使用操作界面下方的模拟遥控器，查看影片的各项播放功能，如图54所示。

02 单击【下一步】按钮，选中【刻录到光盘】选项并指定刻录格式，如图55所示。单击【输出】按钮，即可将电子相册刻录到光盘上。

图54　　　　　　　　　　　　　　图55

10.3　带字幕的照片MTV——会声会影 11

　　会声会影11提供了打开字幕文件的功能，这样，就能一次批量导入字幕，非常适用于导入歌词，使字幕与音乐完美而快速地配合，制作MTV电子相册。下面介绍具体的操作方法。

10.3.1　下载音乐文件

01 打开IE浏览器，登录音乐下载页面http://mp3.baidu.com/，并在搜索栏中输入需要查找的歌曲名称，如图56所示。

图56

02 单击按钮【百度一下】，页面显示查找到的符合要求的曲目，如图57所示。

03 在想要下载的曲目右侧单击【试听】按钮，打开对应歌曲的试听窗口，如图58所示。

图57　　　　　　　　　　　　　　　　　　图58

04 在【歌曲出处】的链接上单击鼠标右键，从弹出的菜单中选择【目标另存为】命令，并在弹出的对话框中指定歌曲保存的名称和路径，如图59所示。单击【保存】按钮，将音乐下载到指定的路径中，如图60所示。

图59

图60

10.3.2　下载LRC字幕

01 LRC字幕是一种字幕格式，它的特点是歌词与歌曲一一对应，比会声会影所支持的UTF字幕更为流行。因此，我们需要先下载容易找到的LRC字幕，再将它转换为会声会影支持的UTF字幕。在先前下载的曲目右侧单击【歌词】按钮，打开对应歌曲的歌词窗口，如图61所示。

02 找到与歌词对应的文字部分，单击右侧的【LRC歌词】，如图62所示。

图61

图62

03 在弹出的对话框中单击【保存】按钮，如图63所示，在【另存为】对话框中指定文件名称和
保存路径，如图64所示。单击【保存】按钮，将LRC歌词保存到指定的路径中。

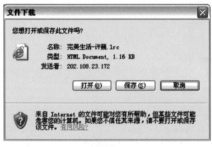

图63

图64

10.3.3 将LRC字幕转换为UTF字幕

01 现在需要下载"LRC歌词文件转换器"，
将LRC歌词转换为会声会影支持的UTF格
式。登录百度搜索引擎http://www.baidu.
com.cn/，在搜索栏中输入要查找的软件
名称"LRC歌词文件转换器"，如图65
所示。

02 单击【百度一下】按钮，页面中显示软
件"LRC歌词文件转换器"的下载页面链
接，如图66所示。

图65

图66

03 单击页面链接，进入相关网站的下载页面，如图67所示。根据相关页面的提示信息，下载并安装"LRC歌词文件转换器"。

04 启动"LRC歌词文件转换器"，单击界面上的【LRC转SRT】按钮，如图68所示。

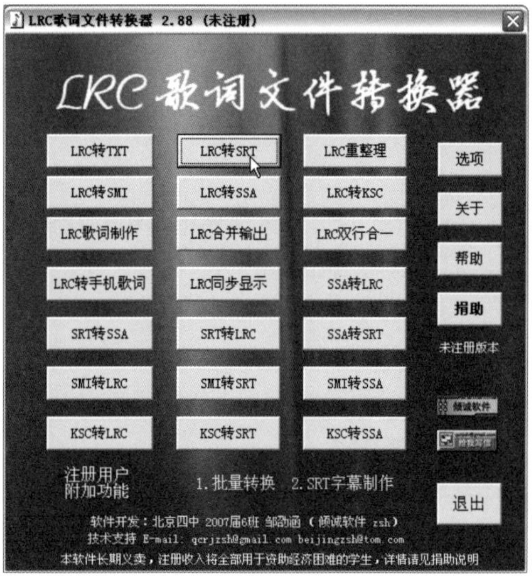

图67

图68

05 打开如图69所示的【LRC To SRT】对话框后，单击【LRC文件输入】右侧的【浏览】按钮。

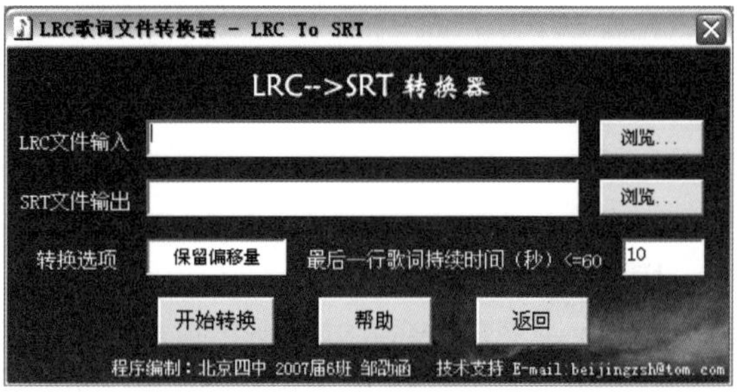

图69

06 在弹出的对话框中选中先前保存的LRC文件，如图70所示，单击【打开】按钮，指定要转换的文件。这时，程序自动指定转换后的SRT文件的保存路径，如图71所示。然后单击【开始转换】按钮，将LRC文件转换为SRT文件。转换完成后，退出"LRC歌词文件转换器"。

图70

图71

07 在Windows资源管理器中选中转换完成的SRT文件，如图72所示。

08 按快捷键【F2】使文件名称处于编辑状态，将它的扩展名修改为"utf"，如图73所示。

图72

图73

提 示

如果Windows资源管理器中没有显示文件的扩展名，执行菜单【工具】→【文件夹选项】命令，如图74所示。在弹出的对话框中取消选中【查看】选项卡中的【隐藏已知文件类型的扩展名】选项，如图75所示。然后单击【确定】按钮即可显示文件的扩展名。

图74

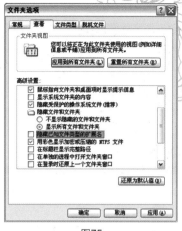

图75

10.3.4 添加字幕文件

01 下面将在会声会影中添加转换完成的字幕文件，实现字幕的批量导入。启动会声会影编辑器，从资源管理器中把所有要制作电子相册的照片拖曳到故事板中，如图76所示。

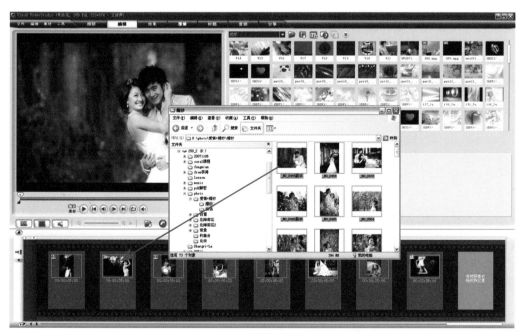

图76

02 单击步骤面板上的【标题】按钮，然后单击选项面板中的【打开字幕文件】按钮，如图77所示。

图77

03 在弹出的对话框中选中先前转换完成的utf格式的字幕文件，并在对话框下方设置字体、字号、颜色、边界色彩等属性，如图78所示。

04 设置完成后，单击【打开】按钮，显示如图79所示的信息提示窗口。

图78

图79

05 单击【确定】按钮，歌词被自动插入到标题轨上，并与歌曲中的唱词一一对应，如图80所示。

图80

10.3.5　添加音频文件

01 单击时间轴上方的【插入媒体素材】按钮，在弹出的菜单中选择【插入音频】子菜单中的【到声音轨】或者【到音乐轨】命令，如图81所示。

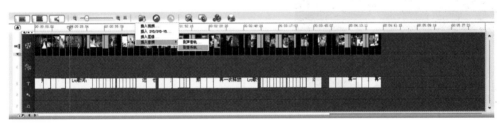

图81

02 在弹出的【打开音频文件】对话框中选择需要添加的声音文件，如图82所示，然后单击对话框下方的按钮试听声音效果。

图82

03 单击【打开】按钮，选中的音频素材将被插入到指定的音频轨上，如图83所示。

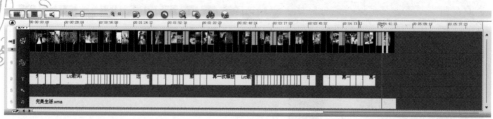

图83

10.3.6 添加转场效果

01 单击菜单栏中的【效果】按钮，在操作界面右侧的素材库中，可以看到各种转场的预览效果，如图84所示。

图84

02 单击素材库上方的 按钮，在弹出的菜单中选择【将随机效果应用于整个项目】命令，程序将随机挑选转场效果，并应用到当前项目的素材之间，如图85所示。

图85

10.3.7 刻录输出电子相册

01 根据需要调整照片的数量和持续播放时间，使照片与音乐的播放时间一致，然后单击步骤面板上的【分享】按钮，进入影片分享与输出步骤，如图86所示。

图86

02 单击选项面板中的【创建光盘】按钮，如图87所示，启动光盘刻录向导，根据提示信息即可逐步创建并输出光盘，如图88所示。

图87

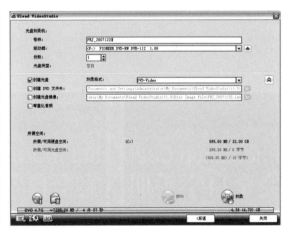

图88

Broadview®

博文视点资讯有限公司（BROADVIEW Information Co.,Ltd.）是信息产业部直属的中央一级科技与教育出版社——电子工业出版社（PHEI）与国内最大的IT技术网站CSDN.NET和最具专业水准的IT杂志社《程序员》合资成立的以IT图书出版为主业、开展相关信息和知识增值服务的资讯公司。

我们的理念是：创新专业出版体制；培养职业出版队伍；打造精品出版品牌；完善全面出版服务。

秉承博文视点的理念，博文视点的产品线为面向IT专业人员的出版物和相关服务。博文视点将重点做好以下工作：

（1）在技术领域开发专业作（译）者群体和高质量的原创图书

（2）在图书领域建立专业的选题策划和审读机制

（3）在市场领域开创有效的宣传手段和营销渠道

博文视点有效地综合了电子工业出版社、《程序员》杂志社和CSDN.NET的资源和人才，建立全新专业的立体出版机制，确立独特的出版特色和优势，将打造IT出版领域的著名品牌，并力争成为中国最具影响力的专业IT出版和服务提供商。

作为合资公司，博文视点的团队融合了各方面的精英力量：原电子工业出版社IT图书专业出版实力的代表部门——计算机图书事业部的团队；《程序员》杂志社和CSDN网站的主创人员；著名IT专业图书策划人周筠女士及其创作群。这是一个整合专业技术人员和专业出版人员的团队；这是一个充满创新意识和创作激情的团队；这是一个不断进取、追求卓越的团队。

电子工业出版社与《程序员》杂志和CSDN网站的合作以最有效率的方式形成了出版资源、媒体资源、网络资源的整合和互动，成为2003年IT出版界备受瞩目的事件。

"技术凝聚实力，专业创新出版"，BROADVIEW与您携手共迎信息时代的机遇与挑战！

博文视点

地址：北京市万寿路金家村288号华信大厦804室
邮 编：100036
总 机：010-51260888 传 真：010-51260888-802
作者读者热线（国内作者写作图书）：010-88254362
国外作者写作、引进版图书：010-88254363
http://www.broadview.com.cn
投稿及读者反馈：editor@broadview.com.cn
武汉分部地址：武汉市洪山区吴家湾邮科院路特1号湖北信息产业科技大厦14楼1406 邮编：430074
电话：027-87690812 E-mail: feedback@broadview.com.cn

《Photoshop中文版数码照片修饰技巧与创意宝典》读者调查表

亲爱的读者朋友，感谢您购买博文视点的图书，敬请您提出宝贵的意见，使我们的服务品质得到更高的提升，您的意见是我们创造精品的动力源泉！

姓名（网名亦可）：＿＿＿＿＿＿＿＿　　　性别：男□　　女□

职业：＿＿＿＿＿＿＿＿＿＿＿＿　　　常用邮箱：＿＿＿＿＿＿＿＿＿＿＿ @＿＿＿＿＿＿＿＿

电话：＿＿＿＿＿＿＿＿＿＿＿＿　　　博客：http://＿＿＿＿＿＿＿＿＿＿＿＿

（1）您购买设计类图书主要是因为：
□工作中需要　□学习需要　□培训需要　□业余爱好

（2）您认为是什么吸引了您购买此书（可多选）：
□价格适中，内容又正好适合我　□网络上的广告　□书店中的海报
□作者知名度　□出版社知名度　□其它原因＿＿＿＿＿＿

（3）您喜欢去专业设计网站（如视觉中国、蓝色理想、5D多媒体）学习或者交流吗？
□去　□偶尔去　□不去，因为不知道　□不去，因为没时间

（4）您能向我们推荐您喜欢的网络设计媒体、社区或设计人员博客吗（能写下大概名字即可）：

＿＿

（5）您平时主要在哪里购买图书：
□网上购买　□书店　□软件销售处　□商场　□其它＿＿＿＿＿＿＿

（6）您喜欢在以下哪家网上书店购买图书：
□当当网　□卓越网　□第二书店　□互动出版网　□华储网　□蔚蓝网　□其它＿＿＿＿＿＿

（7）如果根据书中的内容，举办一些设计比赛，您参加吗：
□愿意，如果我知道　□愿意，如果奖品丰富　□不愿意，因为肯定没戏　□不愿意，但是我会关注

（8）您希望我们举办一些什么类型的活动？（可多选）：
□设计理论讲座　□实用技巧讲座　□设计比赛　□其它＿＿＿＿＿＿

（9）如果去书店买书，您会停下来关注书店里的招贴广告吗：
□会，如果广告设计精美　□会，如果是自己需要的书　□不会，很少注意店堂海报

（10）您平时是如何学习设计类软件的（可多选）：
□看书　□看视频光碟　□上设计培训班　□上网学习

（11）您能举出一本您最喜欢的设计类图书的名字吗：＿＿＿＿＿＿＿＿＿＿＿＿＿＿＿＿

此表请寄：北京市朝阳区酒仙桥路14号兆维工业园B区3楼2门1层博文视点　鲁怡娜　收
邮　　编：100016

反侵权盗版声明

　　电子工业出版社依法对本作品享有专有出版权。任何未经权利人书面许可，复制、销售或通过信息网络传播本作品的行为；歪曲、篡改、剽窃本作品的行为，均违反《中华人民共和国著作权法》，其行为人应承担相应的民事责任和行政责任，构成犯罪的，将被依法追究刑事责任。

　　为了维护市场秩序，保护权利人的合法权益，我社将依法查处和打击侵权盗版的单位和个人。欢迎社会各界人士积极举报侵权盗版行为，本社将奖励举报有功人员，并保证举报人的信息不被泄露。

举报电话：（010）88254396；（010）88258888

传　　真：（010）88254397

E-mail：　dbqq@phei.com.cn

通信地址：北京市万寿路 173 信箱
　　　　　电子工业出版社总编办公室

邮　　编：100036